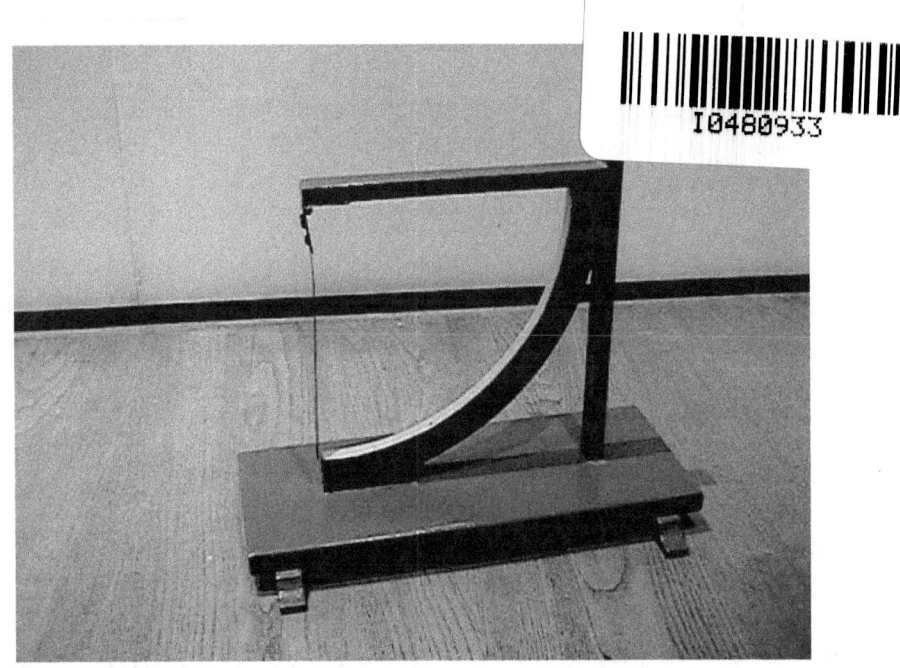

Modelos en la Enseñanza de las Ciencias y Tecnologías

Luis A. Godoy

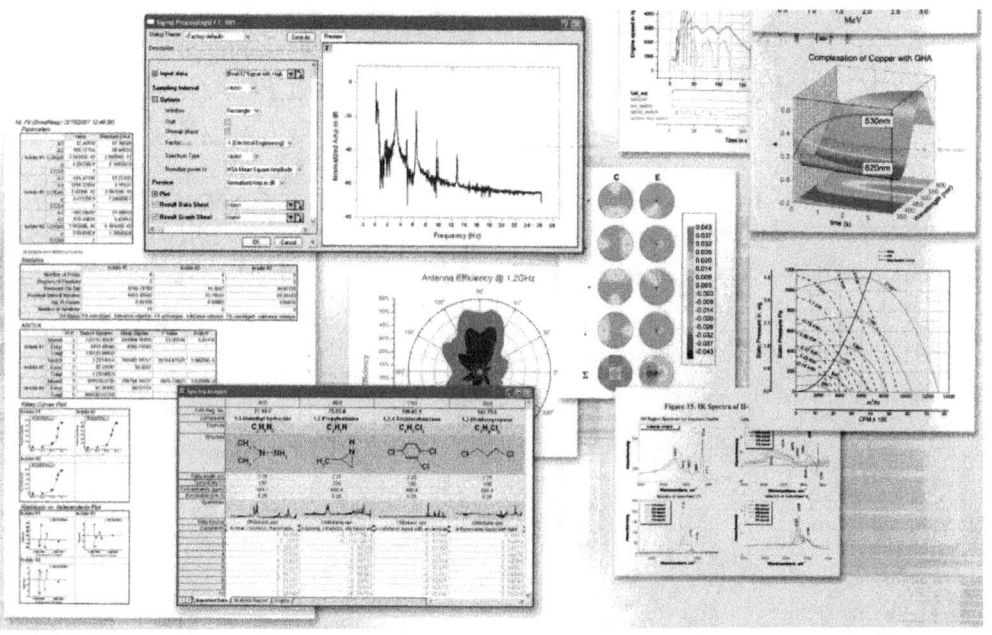

Sobre el autor

Luis A. Godoy realizó sus estudios de Ingeniería Civil en la Universidad Nacional de Córdoba y en 1979 obtuvo su doctorado en Ingeniería Civil en la Universidad de Londres, Inglaterra, trabajando con el Prof. J.G.A. Croll. Durante su carrera académica se ha desempeñado como Profesor en la Universidad Nacional de Córdoba, como Investigador del Consejo de Investigaciones CONICET, como Profesor Adjunto a la Universidad de West Virginia, Estados Unidos y como Catedrático de la Universidad de Puerto Rico en Mayagüez. Como investigador visitante ha realizado estancias en la UNAM (México), LNCC/CNPq (Río de Janeiro), Universidad de Waterloo y Fields Institute (Canadá), Universidad de Catalunya (Barcelona) y Universidad Carlos III (Madrid). Ha publicado 150 trabajos científicos en revistas internacionales en temas de mecánica aplicada y computacional. Es autor de dos libros de mecánica aplicada: *Theory of Elastic Stability*, publicado en el 2000 por Taylor and Francis en Estados Unidos y *Thin-Walled Structures with Structural Imperfections*, publicado por Pergamon Press en Inglaterra en 1996. Actualmente es editor de la *Revista Internacional de Desastres Naturales, Accidentes e Infraestructura Civil* (desde 2001), y *Latin American and Caribbean Journal of Engineering Education* (desde 2007).

MODELOS EN LA ENSEÑANZA DE LAS CIENCIAS Y TECNOLOGIAS

Luis A. Godoy

Agosto 2008

INDICE

CAPITULO 1

INTRODUCCIÓN

En este capítulo consideraremos el concepto de modelo, tal como se lo emplea en el lenguaje vulgar. A partir de allí intentaremos construir una definición de modelos, enfatizando sus relaciones con entidades más abstractas y más concretas que el modelo mismo. Ilustraremos los modelos mentales y los espaciales (considerando modelos en una y dos dimensiones). Finalmente, intentaremos identificar mitos comunes acerca de la modelación.

1.1 USO VULGAR DEL TERMINO "MODELO"

Hay varios usos aparentemente muy distintos que se hacen del termino "modelo" en el lenguaje vulgar. Intentaremos encontrar los aspectos comunes que tienen estos usos a partir del análisis de varios ejemplos.

Actividad	1	Usos vulgares del término

En la tabla que se reproduce a continuación vemos algunos ejemplos de enunciados en los cuales aparece el término "modelo" y trataremos de sintetizar los aspectos comunes que encontramos en su uso. En cada caso, explique
- En qué sentido se usa el término (como sujeto, adjetivo o verbo).
- Si se trata de representaciones más concretas o abstractas, y de qué.
- Si el uso simplifica el objeto considerado.

Tabla 1.1: Ejemplos de uso vulgar del término "modelo".

Ejemplo	Explicación
"La contrataron como MODELO para la empresa Calvin Klein"	
"Esta es la casa MODELO de un nuevo barrio que se está construyendo"	
"Ya apareció en el mercado el automóvil Ford MODELO Taurus 2008"	
"Se trata de un MODELO económico que privilegia la exportación sobre el consumo interno"	
Otro ejemplo similar: "Hay varios MODELOS educativos posibles para la enseñanza de las ciencias"	
Cuando un niñito anglosajón anuncia: 'Señorita: este chico se está	

copiando', cumple con otro MODELO cultural, uno donde la delación hace al buen ciudadano."	
"Juan es un MODELO de humildad"	
"En mi trabajo, MODELO aviones en escala pequeña para vender como juguetes"	

Algunas respuestas posibles:
"La contrataron como MODELO para la empresa Calvin Klein".
- "Modelo" es aquí una persona empleada para usar vestimentas, para que puedan verla los compradores potenciales.
- El nivel más abstracto en este caso es el diseño y estilo de la ropa que produce Calvin Klein.
- El nivel más concreto es la ropa Calvin Klein en cada una de las personas que la compran.
- Esta persona (la modelo) representa de manera concreta cómo lucen las prendas una vez puestas.
- Uso como sujeto.

"Esta es la casa MODELO de un nuevo barrio que se está construyendo"
- La casa modelo es una representación concreta de las casas que se van a construir en ese barrio. Sin embargo, la casa modelo es un nivel más abstracto que cada una de las casas que se construyan en el barrio, siguiendo el mismo patrón.
- Uso como adjetivo.

"Ya apareció en el mercado el automóvil Ford MODELO Taurus 2008"
- Modelo es aquí un diseño del cual se hacen muchas copias o reproducciones.
- El significado subyacente en la palabra es una imagen visual que se forma para representar un objeto real.
- Uso como adjetivo.

"Se trata de un MODELO económico que privilegia la exportación sobre el consumo interno"
- No todos los aspectos de la actividad económica real de un país están representados en un modelo económico, por lo que se trata de una representación simplificada (más abstracta) de la realidad.
- Con respecto a una teoría económica, agrega muchas más condiciones, para especificar mejor de lo que se habla y por lo tanto es más concreta.
- Una vez construida la representación, se opera sobre ella, por ejemplo modificando las variables, para obtener determinados resultados en la realidad.

"Juan es un MODELO de humildad"
- El comportamiento de Juan es una representación concreta de lo que de manera abstracta se conoce como humildad.
- Hay una idea abstracta de una persona con una serie de cualidades, y Juan es un caso concreto que cumple con esa idea abstracta.
- El término "modelo" permite relacionar la idea abstracta con una persona determinada: Juan.

"En mi trabajo, MODELO aviones en escala pequeña para vender como juguetes"

- Aquí el término es equivalente a decir: construyo réplicas en miniatura de aviones.
- Uso como verbo.

Como conclusión preliminar, observamos que en todos los casos, el modelo se mueve entre algo más abstracto y algo más concreto. Esta visión considera que los modelos son mediadores entre diferentes niveles de realidad y abstracción.

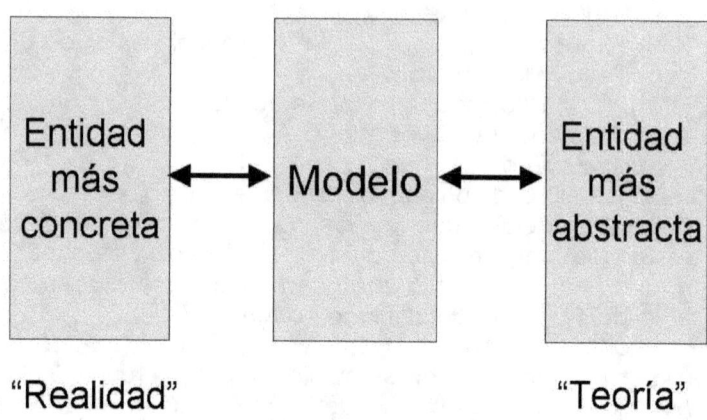

Figura 1.1 Modelos como entidades mediadoras entre diferentes niveles de abstracto/concreto.

1.2 APROXIMACION AL CONCEPTO DE MODELO

Actividad	2	Aproximación a definir modelos
Explicite su propia definición de modelos.		

Definición tentativa: UN MODELO ES UNA REPRESENTACION DE UNA REALIDAD QUE NOS INTERESA ESTUDIAR O MODIFICAR. Por lo tanto,

- PERMITE INVESTIGAR ESA REPRESENTACION Y EXTRAER <u>CONCLUSIONES</u> SOBRE LA REALIDAD. Por ejemplo, la modelo de ropa ayuda a concluir que esa ropa será adecuada para alguien en particular.
- PERMITE OPERAR SOBRE LA REPRESENTACIÓN Y <u>MODIFICAR</u> LA REALIDAD. Esto sucede en el modelo económico y en el educativo.

Hay un proceso que incluye considerar la realidad, abstraer aspectos de ella y acotar el estudio para poder representarla.

1.3 MODELOS MENTALES

Son invenciones humanas que todos llevamos a cabo para hacer sentido de las situaciones que se enfrentan. Todas las personas construyen modelos mentales que representan el mundo que los rodea, filtrados por sus propias experiencias.

Veamos algunas características. En general,

- Los modelos mentales no están muy bien definidos. Tienen contradicciones internas. Frecuentemente cambiamos su contenido sin darnos cuenta.
- No se puede revisar como fue la génesis de un modelo mental. ¿Qué experiencias e informaciones se usaron para construir el modelo mental?
- Un modelo mental es difícil de comunicar. Está basado en un uso impreciso del lenguaje.
- Los modelos mentales no pueden manipularse, ni se puede aprender de ellos a través de operarlos. No permiten encontrarnos con sorpresas. Solo permiten considerar objetos o sistemas muy sencillos.
- Son representaciones muy subjetivas acerca de un área de conocimiento.

Para comunicar un modelo mental a otras personas necesitamos darles algún grado de formalidad. Precisamos usar un lenguaje específico, que puede ser el lenguaje natural, gráfico, simbólico, matemático. Para describir nuestro modelo podemos ayudarnos mediante el uso de un conjunto de relaciones o de reglas.

1.4 MODELOS ESPACIALES

En ellos se representa algún objeto que tiene la característica de extenderse en un espacio determinado.

Los mapas son representaciones de territorios en dos dimensiones. Como tal, los mapas representan cosas, no procesos, y lo hacen usando un medio concreto, que puede ser papel, tela u otro medio adecuado. Son representaciones icónicas, descriptivas, en general incompletas.

Actividad	3	Mapa de una región

La Figura 1.2 muestra un mapa de Calabria en Italia, pintado como un fresco en el Museo del Vaticano, de modo que no usa papel. Este mapa representa un contorno del territorio y también se muestran las montañas en perspectiva, dibujadas de tal forma que se visualizan sus alturas relativas. También se ha pintado un barco en el mar, sobre la costa derecha, que no está en escala.

Figura 1.2. Mapa de Calabria (Museo del Vaticano).

El barco no solamente cumple con una función ornamental, sino que además indica que en ese sector debe haber un puerto.

Actividad	4	Plano de una ciudad

La Figura 1.3 es un trozo de un plano de la zona céntrica de Madrid. Las calles están dibujadas a escala. También hay edificios dibujados. Nos preguntamos:
- ¿Qué función cumplen estos mapas?
- ¿Para qué se han incluido edificios en la representación?
- ¿En qué sentido estos mapas son incompletos?

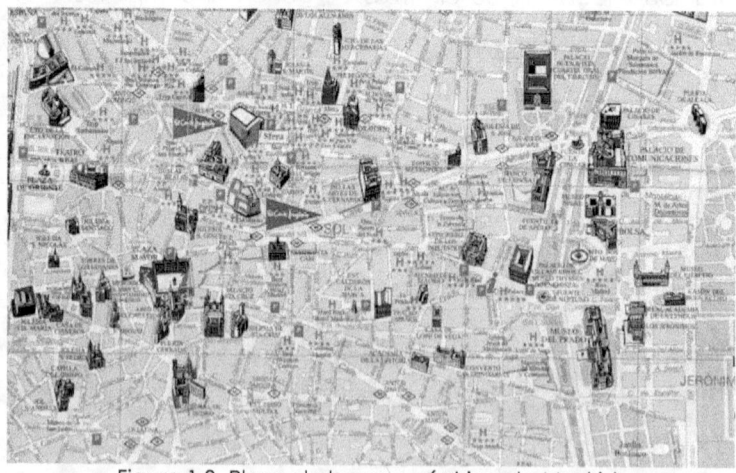

Figura 1.3. Plano de la zona céntrica de Madrid.

Algunas respuestas posibles:

Los edificios que se incluyen son construcciones destacadas por su valor histórico o turístico; son puntos de destino (visita) o puntos de referencia (para ubicar al usuario). No todo edificio aparece representado, sino que se han elegido unos pocos edificios emblemáticos, de modo que es incompleto en ese sentido. La función del plano es orientar al usuario, que se mueve en dos dimensiones cuando se traslada dentro de la ciudad.

Una interpretación de este mapa es que está formado por capas, cada una de las cuales está referenciada a una representación del espacio en dos dimensiones. En una capa se ilustran los edificios emblemáticos, en otra capa hay localización de hoteles con identificación de sus categorías, en otra capa se identifican las entradas al metro de la ciudad.

Actividad	5	Planos de Metro

En la Figura 1.4 encontramos planos de metro (subterráneo) de la ciudad de Madrid. Estos planos difieren notablemente del plano de calles de la Figura 1.3, dado que aquí no hay representaciones a escala ni identificación de edificios. Se muestran dos planos de metro publicados por la misma autoridad oficial, pero puede verse que las líneas de metro representadas ni siquiera tienen las mismas direcciones. Nos preguntamos:

- ¿Cómo puede haber dos mapas de lo mismo que sean tan diferentes?
- ¿Qué es lo que tienen en común ambos planos?

Algunas respuestas posibles:

El primero de los planos de metro parece seguir mejor el trazado real, mientras que el segundo parece una versión más simplificada. Estos planos solo indican qué estación se encuentra después de cuál otra, dando posiciones relativas, de modo que ambos respetan el orden de las estaciones. Un modelo de la red de subterráneos hace que los usuarios operen adecuadamente dentro de esa red. Su función es orientar al usuario, que se mueve en una sola dimensión cuando viaja, de manera que el modelo está adaptado a ese uso.

Si usáramos un mapa de metro para orientarnos en la calle, frecuentemente nos conduciría a confusiones porque no respetan la localización geográfica exacta.

Esta representación es de naturaleza discreta, en el sentido que las estaciones se encuentran en determinadas posiciones y no están distribuidas de manera continua. No se puede descender entre dos estaciones, ni pasar de una línea de metro a otra a menos que estemos en una estación de intercambio.

Los planos de metro considerados también tienen información por capas, que especifican la accesibilidad de personas con impedimentos físicos, las conexiones con la red de autobuses, el acceso a estacionamientos de automóviles.

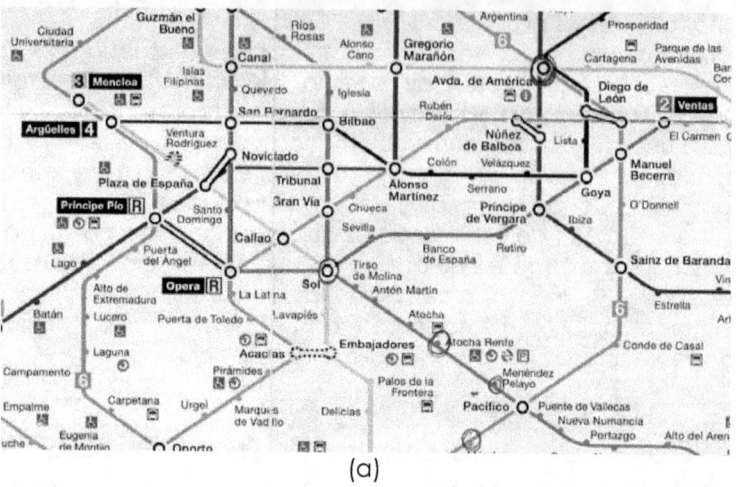

(a)

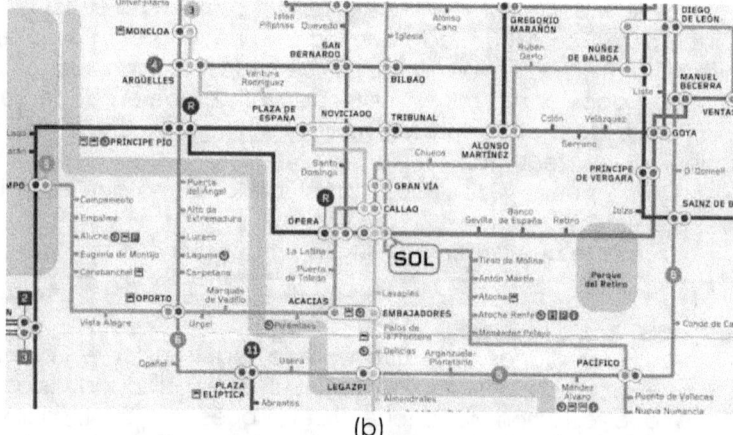

(b)

Figura 1.4. Dos planos de metro (subterráneo) de Madrid.

Actividad	6	Título del texto

El artista norteamericano Richard Serra ha construido varias esculturas que se encuentran en el Museo Guggenheim de Bilbao, España, y que se ilustran en la Figura 1.5. La primera foto muestra las esculturas en escala natural, mientras que la segunda es un modelo en escala reducida de una de ellas. Las medidas entre modelo y escultura se corresponden por un factor de escala. Nos preguntamos:

- ¿Quién construyó el modelo?
- ¿Para qué se hizo un modelo de este tipo?
- ¿Qué funciones cumpliría este modelo?
- ¿Qué inferencias se harían a partir de este modelo?

(a)

(b)

Figura 1.5. Esculturas de acero de Richard Serra (Museo Guggenheim, Bilbao) (a) Tal como se exhiben en la sala al público, (b) En una sala más pequeña, con explicaciones detalladas.

Algunas respuestas posibles:

Probablemente el modelo se hizo para visualizar las proporciones que tendría la escultura, y evaluar el efecto visual que se produciría. Posiblemente el modelo haya sido construido por un técnico, lo mismo que la escultura. También es posible que el modelo haya sido un medio concreto de comunicación entre el artista y sus mecenas.

1.5 MITOS, PRE-CONCEPTOS Y PRE-JUICIOS ACERCA DE MODELOS

En general, existe una serie de mitos alrededor de la idea de modelar. Trataremos de hacer explícitos esos mitos a través de un cuestionario.

Actividad	7	Cuestionario
Responda el cuestionario que aparece en la tabla a continuación, usando la escala siguiente: VV: muy de acuerdo; V: de acuerdo, N: neutro; F: en desacuerdo; FF: muy en desacuerdo. Al final, agregue tres enunciados propios acerca de modelos y marque si está de acuerdo o no.		

Tabla 1.2: Cuestionario.

Afirmación:	VV	V	N	F	FF
Los modelos siempre incluyen una representación matemática del objeto estudiado.					
En las ciencias humanas no se pueden construir modelos porque el comportamiento del ser humano es impredecible.					
Una estatua es un modelo.					
Un modelo no contiene nada de ideología.					
La estadística es un modelo.					
Alguien puede estar modelando sin darse cuenta de que lo está haciendo.					
Modelar es especular sin fundamentos.					
Todo lo que uno necesita en ciencias sociales es una buena estadística.					
No hay para qué trabajar con modelos si uno tiene acceso a la realidad.					
Para modelar algo es necesario conocer mucho sobre la realidad que está en estudio.					
Los modelos que se emplean en física, química e ingeniería tienen mucho que ver con los modelos que pueden usarse en ciencias sociales.					
Un modelo permite obtener más información de la que se le suministra.					
No se puede forzar a la realidad para que quepa dentro de un modelo.					
Los datos empíricos son los que nos hacen comprender la realidad, y después recién vienen los modelos.					
Un modelo no contiene hipótesis ni suposiciones.					
Los modelos en ciencias sociales son ideas importadas de los países centrales, pero no sirven en los países en vías de desarrollo.					

Actividad	8	El modelo de Ptolomeo

Considere el siguiente párrafo, escrito por un científico muy prestigioso. ¿Qué preguntas del cuestionario anterior encuentra reflejadas en este párrafo?

"El MODELO de Ptolomeo proporcionaba un sistema razonablemente preciso para predecir las posiciones de los cuerpos celestes en el firmamento. Pero para poder predecir esas posiciones correctamente, Ptolomeo tenía que suponer que la Luna seguía un camino que la situaba en algunos instantes dos veces más cerca de la Tierra que en otros. ¡Y esto significaba que la Luna debía aparecer a veces con tamaño doble del que usualmente tiene! Ptolomeo reconocía esta inconsistencia, a pesar de lo cual su modelo fue amplia pero no universalmente aceptado. Fue adoptado por la Iglesia Cristiana como la imagen del universo que estaba de acuerdo con las Escrituras, y que, además, presentaba la gran ventaja de dejar, fuera de la esfera de las estrellas fijas, una enorme cantidad de espacio para el cielo y el infierno" (Hawking, 1988).

REFERENCIAS

Hawking, Stephen (1988), *Historia del Tiempo*, Grijalbo.

CAPITULO 2

MODELOS EN DIVERSOS CAMPOS DE LA CIENCIA

En este capítulo comenzaremos enriqueciendo la idea de modelo que traemos del capítulo anterior, para tomar en cuenta modelos usados en ciencias y tecnología. Veremos los modelos usados en la ciencia de los siglos 17 y 18. A continuación consideraremos modelos que representan cosas, tales como maquetas, superficies matemáticas y máquinas dibujadas en el pasado. Los modelos que representan procesos se ilustran mediante modelos conceptuales de mecanismos, modelos para ilustrar recorridos de fuerzas dentro de una estructura, modelos predictivos y simulaciones.

2.1 CONCEPTUALIZACIÓN DE MODELOS EN CIENCIAS

No es fácil dar una definición que abarque todo tipo de modelos que desarrollan y usan los científicos. Daremos forma al concepto de modelo a partir de una definición.

Actividad	1	Modelos en ciencias
Discutir en grupo: ¿Cómo se puede enriquecer la idea de modelo para hacerla relevante a modelos en ciencias?		

Algunas respuestas posibles:

Un modelo es una <u>representación</u> <u>parcial</u> y <u>simplificada</u> de alguna <u>entidad</u>, que se <u>construye</u> con una <u>finalidad</u> determinada. Lo específico de los modelos de ciencias entra por el objeto que se estudia y por la función que cumple el modelo.

Analicemos los elementos que componen ese concepto:

- Representación. Hay diferentes formas de hacer esa representación, que puede ser icónica, simbólica, matemática, concreta...
- Parcial. Abstrae aspectos de la naturaleza de la entidad que se modela. Generalmente la traduce de otra forma.
- Simplificada. Se simplifica para hacer que la representación sea manejable.
- Entidad. Puede ser un objeto, acontecimiento, proceso, sistema. Puede pertenecer a la realidad, como el mundo natural, o ser algo abstracto, o supuesto, o hipotético. Veremos casos en que el objeto es una construcción específica y también otros en que es una ecuación matemática.
- Construcción. Un modelo pertenece al mundo de las construcciones humanas. Se construyen a partir de elementos de la realidad, elementos de teoría, analogías con otros modelos, de datos de la realidad, etc.

- Finalidad. El modelo se hace para algo determinado, de modo que un modelo que fue creado para una finalidad específica no tiene porqué servir para otras. Por ejemplo, simplificar fenómenos complejos, predecir escenarios, apoyar la interpretación de datos experimentales, visualizar entidades abstractas, elaborar explicaciones, aprender mediante la construcción del modelo, generar conocimientos a partir de la experimentación.

Ejemplos de preguntas que nos hacemos en este curso:
- ¿Qué temas de reflexión surgen alrededor de modelos? (conceptualización)
- ¿Cómo se han elaborado algunos modelos? (construcción)
- ¿Por qué se ha construido un modelo? (finalidad)
- ¿Qué tipos de problemas se pueden resolver con el modelo? (finalidad)
- ¿Cómo es el contexto en el que se genera el modelo? (contexto)
- ¿Cuánto se acerca el modelo a la entidad que modela? (representación)
- ¿Qué conocimientos pueden inferirse a partir de la aplicación del modelo?
- ¿El lenguaje determina el modelo, o un mismo modelo puede escribirse en diferentes lenguajes?
- ¿Qué relación hay entre un modelo y una teoría? ¿Una teoría determina un modelo o pueden desarrollarse modelos independientemente de teorías? ¿Son autónomos?
- ¿Qué papel desempeñan las analogías en la construcción de modelos?

2.2 UNA PERSPECTIVA HISTORICA: MODELOS CONCRETOS EN LAS CIENCIAS DE LOS SIGLOS XVII Y XVIII

Hasta mediados del Siglo XX se hicieron modelos concretos tridimensionales de "barcos de madera y moléculas plásticas, embriones de cera y economías de plexiglás, monumentos en corcho y matemáticas en plaster, piezas moldeadas de enfermedades y animales rellenos, anatomías desarmables y monstruos extintos reconstruidos con ladrillos y mortero. Producidos en Europa Occidental y Estados Unidos entre mediados del Siglo XVIII y mediados del XX, estos artefactos iban desde modelos crudos usados en un banco de trabajo (o más tarde en pantallas de computadora) a objetos elaborados que se mostraban en grandes exhibiciones públicas. Algunos eran únicos, otros producidos en masa. Difieren en color, textura y tamaño. Algunos imitaban el mundo natural o artificial, otros proyectaban cómo podía llegar a ser. De formas variadas, intentaban traer lo pequeño, lo enorme, el pasado o el futuro a nuestro alcance, para hacer analogías fructíferas, demostrar teorías, lucir bien en una muestra. A pesar de esa diversidad, todos esos modelos eran tridimensionales (3D) y como tal, sus defensores decían que mostraban relaciones que no podían ser fácilmente representadas en papel." (Hopwood y Chadarevian, 2004).

En Inglaterra, en el Siglo XVIII, había modelos de una gran variedad de cosas, como: figura humana, cielo y tierra, construcciones y máquinas, que imitaban algún aspecto existente del arte o la naturaleza y promovían la ejecución de nuevos proyectos.

¿Dónde estaban esos modelos? Se encontraban en colecciones y museos, en estudios, talleres, academias, reuniones de sociedades, muestras y conferencias. Los museos e institutos mantenían gabinetes para guardar sus modelos, de donde se sacaban para llevarlos a las salas de conferencia o para el estudio individual.

Los modelos actuaban como mediadores entre patrones y clientes, entre conferenciante y audiencia, entre productor y consumidor. Eran objetos de colección, en una época en la que coleccionar era una actividad importante. Fueron un medio de tráfico entre la ciencia y la cultura más general.

Había una estrecha relación entre el uso de modelos en ciencias y su uso en enseñanza de las ciencias. Frecuentemente, los modelos en enseñanza eran los mismos que guiaban una investigación. Los modelos comenzaban como herramientas de investigación y pasaban a ser ayudas en la enseñanza (y viceversa).

Además, las tendencias educativas que promovían experiencias visuales y activas (hands-on) encontraron una ayuda enorme en los modelos, que lograron un lugar prominente en la enseñanza de las ciencias y tecnologías. Los estudiantes aprendieron a ver, a comprender y a hacer con modelos.

Los filósofos de la ciencia (incluyendo a Ian Hacking y Ronald Giere) se han interesado mayormente por modelos teóricos/abstractos, pero históricamente el interés estaba en objetos que pueden ser tomados con las manos. Se afirmaba que el uso de modelos 3D permitía la producción de conocimientos que no podrían haber sido adquiridos de otro modo. Se resaltaba la idea de conocer por medio de hacer. Aquellos que usaban modelos como parte de su comunicación veían a las figuras y textos como sustitutos inferiores. Por cierto que aparecen problemas al tomar literalmente un modelo, como creer que el oxígeno es rojo y el nitrógeno es azul.

2.3 MODELOS QUE REPRESENTAN COSAS

Es útil distinguir entre modelos que representan cosas y modelos que representan procesos.

Modelos de edificaciones

Actividad	2	Modelos de construcciones en el Medioevo y el Renacimiento
La Figura 2.1 incluye fotografías de una maqueta hecha para la iglesia de San Giuseppe o de San Marco en Florencia, Italia. El arquitecto fue Bartolomeo d'Agnolo Baglioni (llamado Baccio d'Agnolo, Firenze 1462-1543). Esta maqueta se encuentra en el Museo de San Marco en Florencia.		
Las fotografías (a-b) muestran vistas externas del edificio. Las puertas de acceso sobre dos lados son muy similares, no se ha jerarquizado una		

sobre la otra. Las fotografías (c-d) ilustran detalles interiores de la maqueta. Las columnas tienen sus capiteles para lograr un efecto más realista. La maqueta representa una cosa, no un proceso; es descriptiva.

Nos preguntamos:

- ¿Quién construyó el modelo?
- ¿Para qué se hizo un modelo de este tipo?
- ¿Qué funciones cumpliría este modelo?
- ¿Quién era el principal usuario del modelo?
- ¿Qué inferencias se harían a partir de este modelo?

Algunas respuestas dadas por novatos, desconocedores del arco histórico, se listan en el Apéndice de este capítulo.

Afortunadamente contamos con información general de la época acerca de esos interrogantes. En un libro de 1567, Filiberto Delorne escribía:

"Cuando se hace un modelo, un hombre inteligente y de buen juicio puede estimar si el emprendimiento es o no viable, si es como quiere que sea, si está bien adaptado a los propósitos para los cuales se construirá, y si la ornamentación es correcta y apropiada. Una de las funciones principales de un modelo es mostrar si el arquitecto es lo suficientemente competente para llevar a cabo la construcción en escala completa. El modelo demostrará qué tan bien entiende su oficio. También dará una idea del costo del proyecto, si es aceptable o si excede la cantidad que se desea gastar".

La antigua práctica de hacer modelos de madera en escala persistió en el Renacimiento. Los concursos que se hacían para adjudicar una obra exigían que los candidatos presentaran un modelo. Esta demostración era particularmente importante cuando el cliente no tenía la suficiente instrucción para interpretar un plano. En algunos casos los modelos eran tan grandes que se podía entrar en ellos y apreciar las proporciones internas.

La construcción de esos modelos era una tarea especializada en sí misma, de manera que estaba a cargo de carpinteros fabricantes de gabinetes. Se cuenta que al morir Brunelleschi, el carpintero que hacía sus modelos pasó a ser especialista en domos y llevó a cabo varios proyectos él mismo.

También se hacían modelos durante la construcción de un edificio. En algunos casos se hacían modelos de detalles para ver qué efectos producían. En otros casos se hacían para resolver problemas estructurales: Por ejemplo, en el domo de Florencia se presentaron problemas estructurales, por lo que se construyó un modelo en escala 1:12, que tendría unos 4m de diámetro. Para construir este modelo se necesitaron cuatro constructores y se demoraron 90 días.

Finalmente, debemos ubicarnos en el estado de conocimiento de las ciencias de la construcción en esa época. Los científicos creían que la resistencia estaba dada por la geometría y aun no habían logrado postular la importancia que tenía el material específico sobre la resistencia. De manera que se suponía que construir el modelo en madera no era tan diferente de construir el edificio en piedra. Solo se prestaba atención a las medidas de distancias.

(a)

(b)

15

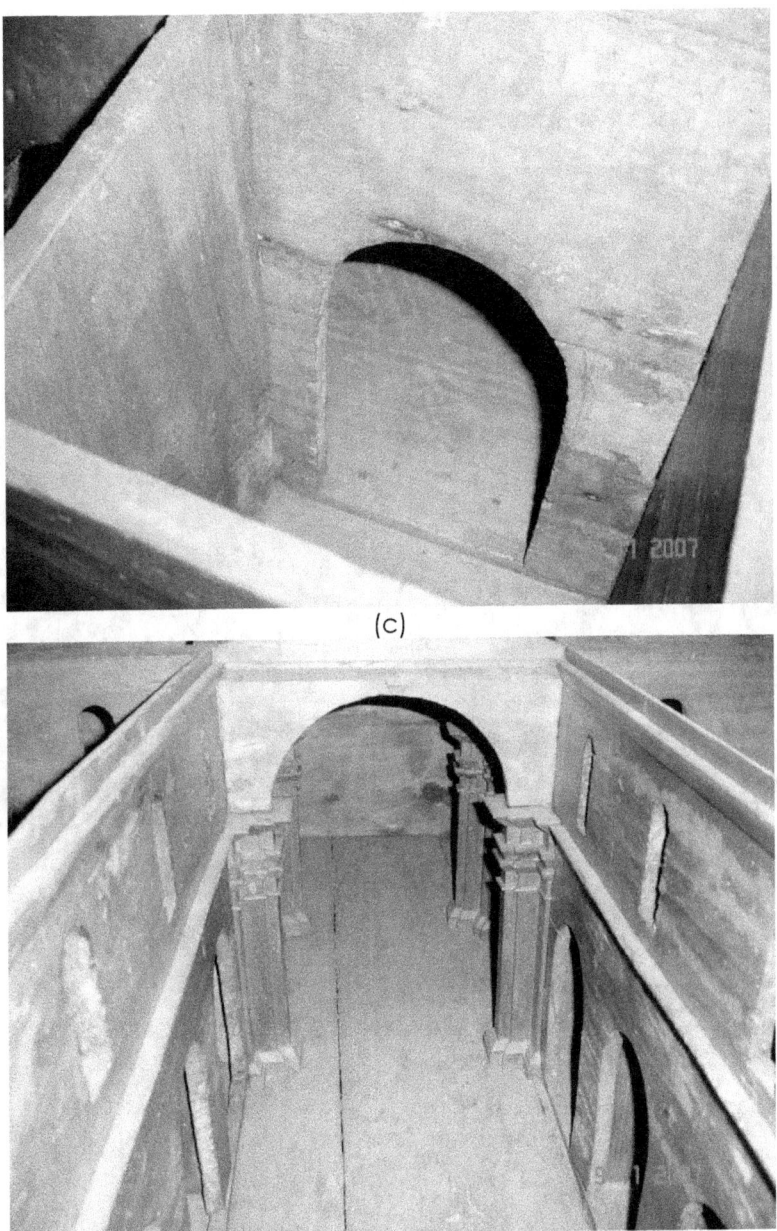

(c)

(d)

Figura 2.1. Maqueta de la iglesia de San Marco en Firenze. (*Di tabili trail 1512 ed il 1519*).

Modelos de superficies matemáticas

Las ecuaciones matemáticas a veces resultan demasiado abstractas y puede ser importante visualizar su geometría. Una representación mediante una superficie en el espacio se ilustra en la Figura 2.2.a, donde se han dibujado también algunas curvas importantes de esa superficie. Representa de manera concreta algo que es abstracto, y permite visualizar lo abstracto. En la Figura 2.2.b, en lugar de representarse la superficie, se han modelado líneas que dan soporte a la superficie, pero que mediante un proceso de abstracción permiten visualizar la superficie misma (¡que no está representada!).

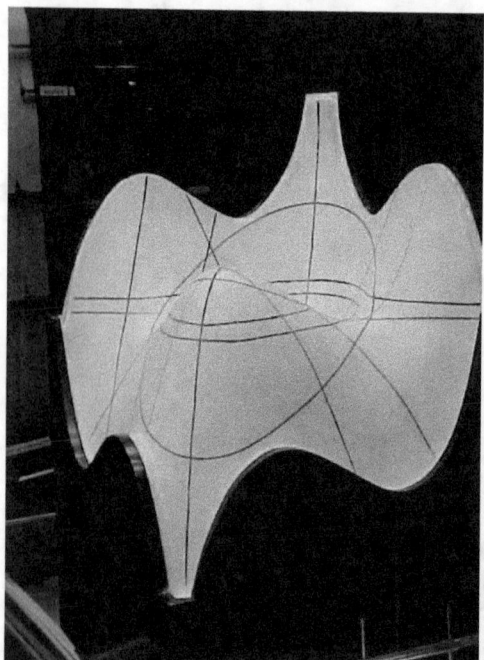

Figura 2.2. (a) Modelo de una ecuación como una superficie que la representa en forma concreta. (b) Modelo concreto de una superficie.

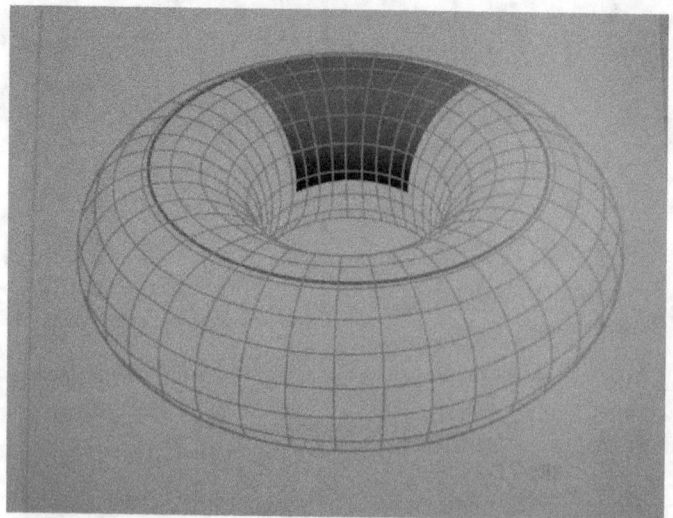

Figura 2.3. Modelo computacional de una superficie.

Finalmente, en la Figura 2.3 se muestra una imagen computacional de la superficie de interés, usando una expresión virtual en lugar de usar un medio concreto.

Modelo de una máquina diseñada en otro siglo

Leonardo da Vinci diseñó muchas máquinas que no llegaron a construirse en su tiempo. Aunque eran diseños ingeniosos, surgen serias dudas (1) si sería posible construirlas, y (2) si esas máquinas cumplirían las funciones que se esperaba de ellas. Por ejemplo, la Figura 2.4 muestra un diseño en uno de los cuadernos de Leonardo.

Figura 2.5. Diseño de varias máquinas, segun Leonardo da Vinci.

(b)

Figura 2.6. Modelo que representa uno de los diseños de Leonardo da Vinci para una máquina de volar.

En la Figura 2.5 se incluye una fotografía de una máquina construida en la actualidad siguiendo los diseños de Leonardo. Se trata de un modelo concreto de algo que solo existía en sentido más abstracto. En el sentido de las maquetas de arquitectura mostradas antes, este modelo ilustra que el dibujo tiene suficiente detalle como para poder llevarse a la práctica (esto es una cosa). Adicionalmente, el diseño original prometía que se lograría volar con ella (lo que constituye un proceso). El modelo no vuela, porque hay una discrepancia grande entre lo que Leonardo creía en su época y lo que su diseño hace en la realidad.

2.4 MODELOS QUE REPRESENTAN COMPORTAMIENTOS (PROCESOS)

Modelo conceptual educativo (formación de grietas en glaciares)

En estudios de la mecánica de glaciares, resulta de gran interés comprender la formación de grietas, como la que se ilustra en la Figura 2.7. Estas grietas reciben el nombre de *crevasse*, y pueden tener diferente profundidad, pero afectan las capas superiores de un glacial. Para comprender la generación y crecimiento de estas grietas es necesario estudiar la mecánica del problema. Además, en algunos países se intenta divulgar ese tipo de conocimiento al público en general, como se muestra en las Figuras 2.8.

Figura 2.7. Una grieta en un glaciar.

La mecánica del problema funciona más o menos así: en la parte profunda de un glaciar hay presiones muy altas y allí el hielo se deforma como si fuera un material con plasticidad. Pero en las parte más altas del glacial el hielo se comporta de manera frágil y allí se producen grietas. Estas grietas aparecen cuando el glacial fluye sobre una roca o cuando la superficie de deslizamiento cambia de dirección. También se forman estas grietas cuando el glacial aumenta su velocidad, o cuando se desliza sobre laderas de montañas.

Para ilustrar este comportamiento, la exhibición fotografiada en la Figura 2.8 muestra un modelo en material plástico de una sección transversal de un glacial. El modelo es muy ingenioso y representa un proceso mediante un modelo concreto. Desde el inicio, ya están las grietas fijadas, pero se observan abriéndose cuando el modelo cambia de dirección por un cambio en la geometría de la guía sobre la cual se desliza. Se trata de un modelo analógico concreto, en el que se describe un comportamiento.

Este tipo de modelos ilustran un concepto, y por ello se conocen como modelos conceptuales; no intentan reproducir una situación típica ni específica. El objetivo es cumplir una función educativa: explicar las causas de una formación fracturada a un público lo más amplio posible.

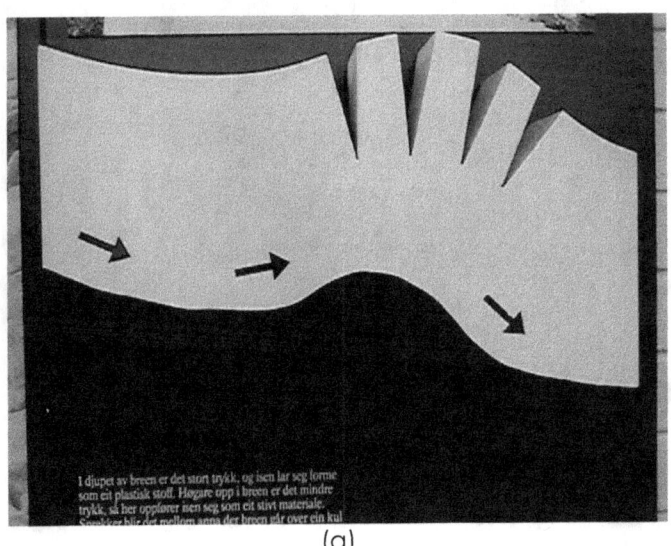

(a)

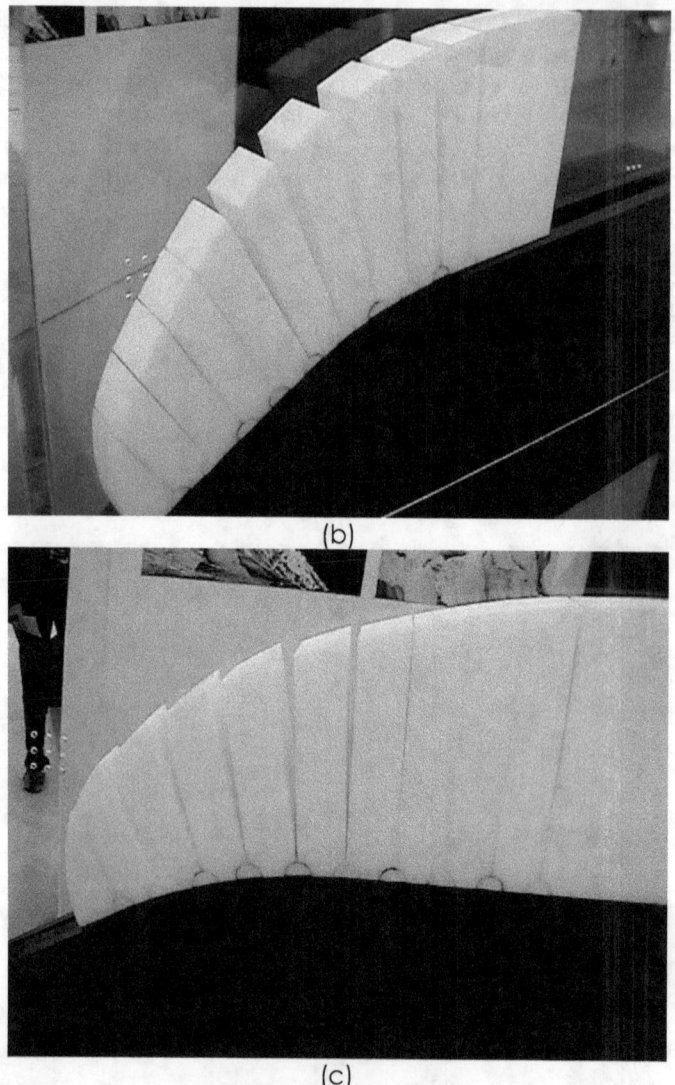

(b)

(c)

Figura 2.8. Modelo conceptual de una grieta en glaciar (Museo del Hielo, Noruega). (a) Mecanismo que se trata de ilustrar. (b-c) Vistas del modelo durante el proceso de deslizamiento sobre su guía.

Modelos para visualizar una respuesta (fotoelasticidad para identificar esfuerzos en estructuras)

La fotoelasticidad es otra manera de poner en evidencia los esfuerzos que se desarrollan dentro de una estructura. En la actualidad hay otras técnicas computacionales para investigar esfuerzos internos, pero este tipo de modelos son aun empleados por su valor didáctico. El material con el que se construye el modelo no está asociado al material de la construcción que representa, sino que se elige de acuerdo a las necesidades del experimento. La geometría se define en escala reducida, aunque no se intentan representar muchos detalles.

En el modelo fotoelástico de la nave original de la iglesia de Notre Dame en París (Figura 2.9), bajo las acciones de viento, se pueden visualizar resultados que revelan la distribución de esfuerzos. Un modelo fotoelástico se construye con una material plástico que se contempla con ayuda de filtros polarizados. El patrón de interferencia que resulta es un gráfico de contorno de intensidad de esfuerzos: cada color indica un nivel diferente. Donde las líneas se encuentran espaciadas muy cerca allí los esfuerzos son más altos y la zona es más crítica desde el punto de vista de la demanda del material. Los resultados fotoelásticos en este estudio particular muestran esfuerzos más altos donde los arbotantes apoyan las partes superiores de la estructura (*clarestorio* y tribuna).

Figura 2.9. Modelo fotoelástico de la Catedral de Notre Dame en Paris.

Figura 2.10. Modelo fotoelástico de un puente durante el paso del ferrocarril.

Los esfuerzos altos seguramente han producido grietas en el mortero y de allí que se haya cambiado el diseño para mejorar ese comportamiento estructural, aunque no fuera comprendido completamente.

La Figura 2.10 muestra otro ejemplo de modelo fotoelástico, esta vez de un puente de ferrocarril durante el paso de un tren. Es un proceso en el cual la duración de la modelación es el tiempo que lleva el paso del tren por el puente.

Modelo de varias componentes de un sistema (comportamiento estructural en túnel de viento)

El comportamiento de construcciones bajo la acción de viento se lleva a cabo frecuentemente mediante ensayos de túnel de viento. En este caso, tanto la construcción, el terreno en el cual se asienta, como el viento son representados siguiendo reglas de escalas. Surgen interrogantes: ¿Se trata de modelo de una cosa o de un proceso, es un modelo concreto o virtual?

La Figura 2.11 muestra un modelo a escala de una casa, usando plexiglás. Se trata del modelo de una cosa. El material mismo usado para construir el modelo no tiene ninguna restricción de similitud con el de la casa real que representa, sino que solo interesa la geometría: el objetivo del estudio es determinar los coeficientes de presión que ejerce el viento sobre una geometría como la de la casa. Las restricciones en la selección del material tienen que ver con la lógica del experimento mismo, de modo que permitan colocar los tubos pequeños que medirán las presiones. En realidad, la casa misma no es una representación de una casa real, sino que es una idealización que resume las configuraciones típicas que se identificaron en la zona de interés, con proporciones creíbles.

(a)

(b)

Figura 2.11. Modelo en escala reducida que se ensaya en un túnel de viento
(Universidad de Clemson, South Carolina, US)

Para el ensayo, el modelo se coloca dentro de un túnel de viento, que se muestra en la segunda de las Figuras 2.11. El túnel permite simular el flujo de viento mediante un ventilador. Para representar la capa límite se incorpora rugosidad en el suelo, sin tratar de modelar accidentes del terreno real circundante a la casa. El experimento mide un proceso hasta el momento en que se estabiliza. Las variables de interés son las presiones en puntos de la casa, que se obtienen procesando otra información más primaria. A su vez, esos resultados se post-procesan.

En resumen, el experimento completo precisa del modelo de una cosa y de un proceso. Este modelo fue construido por un investigador joven, quien además llevará a cabo el ensayo en el túnel de viento.

Modelo predictivo (trayectoria de un huracán)

Un huracán produce efectos catastróficos en las zonas por las que pasa, de manera que el conocimiento de su trayectoria antes de que ocurra su avance es crucial para salvar vidas y propiedades. En Estados Unidos esa tarea se lleva a cabo en el Centro Nacional de Huracanes.

Por ello se emplean modelos como el de la Figura 2.12. La primera de las figuras corresponde a la predicción de la trayectoria que el modelo hizo el jueves 16 de agosto de 2007 a las 20 hs. Contiene predicciones de donde va a estar localizado el ojo del huracán en varios días sucesivos (sábado y domingo), y la intensidad del viento. Según esto, Puerto Rico no sería afectado pero Jamaica estaría claramente en la trayectoria del huracán.

La segunda Figura 2.12 contiene las predicciones del sábado a las 8 de la mañana. La nueva posición del ojo del huracán valida las predicciones del día jueves (Puerto Rico no estuvo afectada) y da confianza en las predicciones de ese día, que ahora se extienden al jueves siguiente. Continúa la amenaza sobre Jamaica.

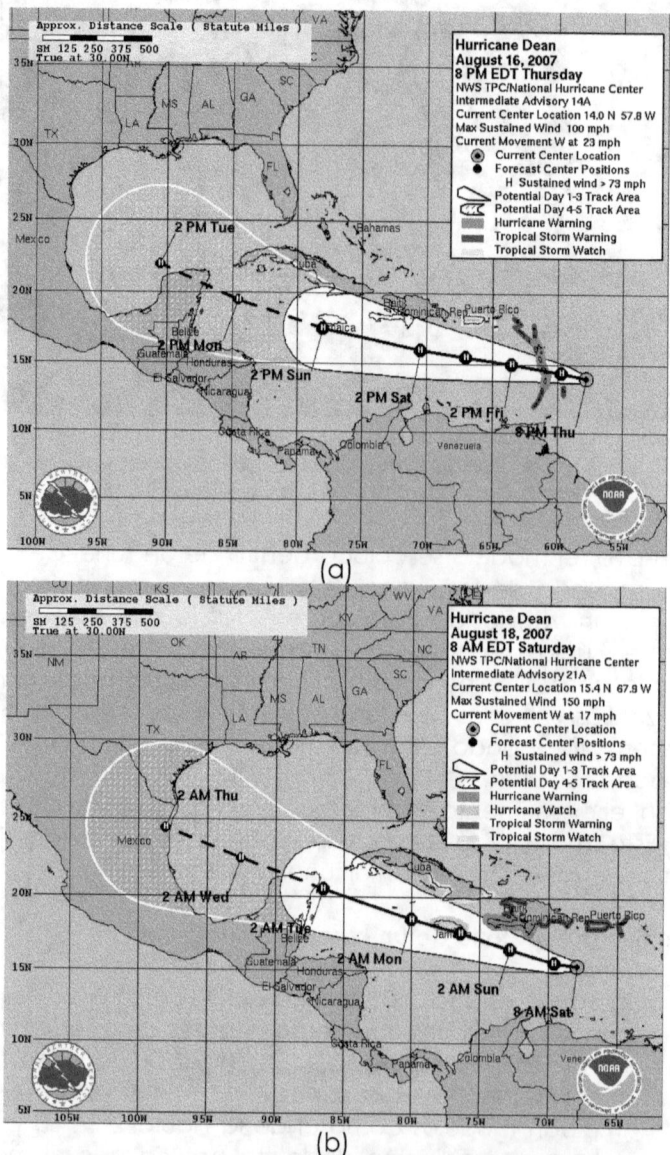

Figura 2.12. Modelo para predecir la trayectoria del Huracán Dean en 2007.

Las Figuras 2.12 comunican un mensaje al usuario (el público) pero su significado requiere de un conocimiento más detallado. Las predicciones de este tipo pueden contener errores y los errores detectados en los últimos años han servido para dibujar las áreas de incertidumbre para los primeros tres días y para los días 4 y 5. Las áreas se construyen como envolventes de unos círculos (que no se muestran en la figura) cuyo tamaño hace que 2/3 de los errores de predicción de los últimos cinco años caigan dentro del círculo. Esta data histórica indica que la trayectoria prevista de cinco días va a caer dentro de un área de certeza de 60-70% todo el tiempo. También hay incertidumbre respecto a las velocidades de viento que se prevén. Un huracán no es un punto sino que se extiende con un diámetro de 100 o 200 Km, dentro del cual la velocidad varía.

Entender cómo se evalúa la velocidad es otro aspecto que requiere de mayor conocimiento. En resumen, el provecho que puede sacarse de la información provista por el modelo y divulgada por el Centro de Huracanes depende del usuario.

Este es un modelo virtual, predictivo, de un proceso. Su función es tomar decisiones sobre medidas de evacuación a medida que avanza el huracán. La vida de muchas personas depende de poder llevar a cabo predicciones precisas del modelo; un error de apreciación puede tener consecuencias en gran escala.

Simulador para aprendizaje (simulador de vuelo)

Hay diversos ejemplos de simuladores de vuelo que permiten entrenarse en el manejo de un avión sin correr los riesgos de estrellarse en el intento. Los simuladores van desde simples programas comerciales que corren en computadoras personales hasta programas que activan controladores que hacen sentir al usuario parte del movimiento generado (como el que se muestra en la Figura 2.13)

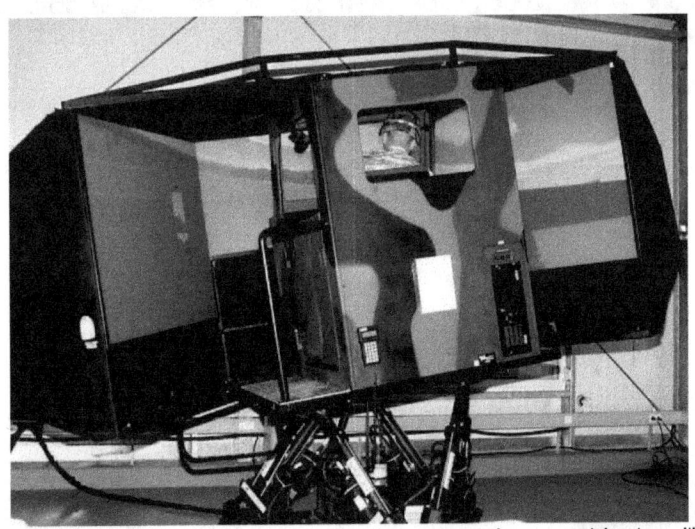

Figura 2.13. Un simulador para aprender a manejar un vehiculo militar.

2.5 REFLEXIONES DE CIERRE

En resumen,

La <u>función</u> que cumple un modelo puede ser

- Analizar la naturaleza del objeto estudiado, como en modelos de esfuerzos en estructuras.
- Desarrollar o comprobar hipótesis o supuestos que se refieren al objeto
- Explicar un comportamiento a otros, como en el modelo didáctico de grietas en glaciares.
- Probar que determinado diseño es viable, como en modelos de iglesias del medioevo o en los modelos actuales de maquinas ideadas por Leonardo da Vinci.
- Predecir la respuesta futura de algún objeto de estudio.

Hay varias actividades que se pueden hacer alrededor de un modelo:

- Construir el modelo.
- Experimentar con el modelo.
- Validar el modelo.
- Verificar el modelo.
- Aprender con el modelo.
- Modificar una entidad a través de un modelo.
- Reflexionar sobre el modelo.

REFERENCIAS

Chadarevian, Soraya de y Hopwood, Nick (Eds.) (2004), *Models: The Third Dimension of Science*, Stanford University Press, Stanford, California.
Mark, R. y Clark, W. W. (2005), Experimentos sobre estructuras góticas, Temas 41 (Ciencia Medieval), *Investigación y Ciencia*, pp. 73-81.

APENDICE

Algunas respuestas dadas por estudiantes (novatos) a la Actividad 2 de este capítulo. Se reproducen las repuestas de cuatro grupos, en cada caso siguiendo el mismo orden.

- ¿Quién construyó el modelo?

1. Un artesano carpintero.
2. Un carpintero utilizando las especificaciones del arquitecto Bartolomeo d'Agnolo.
3. Bartolomeo d'Agnolo, porque en esa época la mayoría de las personas eran artesanos, y también por el nivel de detalle que tiene la maqueta.
4. El modelo de iglesia lo construyo el arquitecto Bartolomeo d'Agnolo, pero la maqueta misma la construyo algún carpintero.

- ¿Para qué se hizo un modelo de este tipo?

1. Para visualizar como quedaría la iglesia al final de la construcción, teniendo en cuenta los espacios y detalles internos.

2. Para mostrar al mecenas, al que encargaba el proyecto, como resultaría el producto. Para que el arquitecto evaluara la funcionalidad del edificio. Para que el mecenas la exhibiera al pueblo.

3. Para concretar la idea, sirviendo esta como referencia para los constructores y para perpetuar la idea del arquitecto en la construcción, así como en la reparación y restauración.

4. Para representar en una escala pequeña lo que se deseaba construir.

- ¿Qué funciones cumpliría este modelo?

1. Mostrar a la comunidad el diseñó de la iglesia e incentivar la recaudación de fondos para su construcción. Facilitar la tarea de los constructores.

2. La misma respuesta anterior.

3. La misma respuesta anterior.

4. Para guiar la construcción, comunicar la idea y conseguir la designación de la obra.

- ¿Quién era el principal usuario del modelo?

1. El director de la obra.

2. El arquitecto, por lo expuesto en la respuesta 2.

3. Los constructores.

4. El arquitecto y los obreros.

- ¿Qué inferencias se harían a partir de este modelo?

1. La distribución del espacio en la construcción para gente común.

2. Si la obra es estéticamente favorable, si le gustaba al inversor, la funcionalidad como edificio.

3. Las características arquitectónicas y culturales de una época.

4. Las relaciones de las dimensiones, la estética de la construcción.

CAPITULO 3

MODELOS EN ENSEÑANZA DE LAS CIENCIAS

Se intenta justificar el empleo de modelos en un contexto educativo en ciencias. Para ello se establecen los propósitos de la educación en ciencias y se constata de qué manera pueden los modelos ayudar al logro de esos propósitos. Se muestra que hay diversos tipos de modelos de acuerdo a la etapa en la que se use. El concepto de autenticidad de modelos usados en la enseñanza de las ciencias y tecnologías es importante para llevar a cabo una labor educativa consistente con la práctica científica. Los modelos se emplean en muchos casos con el fin de construir explicaciones en ciencias, de manera que se tratan explicaciones brevemente en el capítulo. Finalmente, se consideran modelos históricos para la enseñanza.

3.1 PROPÓSITOS PRINCIPALES DE LA ENSEÑANZA DE CYT

"Un maestro debe saber más que apenas lo que él o ella enseña. Como educadores, los maestros deben conocer acerca del cuerpo de conocimientos que enseñan, algo acerca de cómo llegó ese conocimiento, cómo se justifican sus propuestas, y qué limitaciones tienen. Los maestros deberían tener una apreciación por la tradición de búsqueda en la cual están iniciando a sus estudiantes." (Matthews, 1994, pp. 213)

Un reconocido autor, Hodson (1992), señala tres propósitos principales en la enseñanza de la ciencia:
*   Aprender <u>ciencias</u>. Comprender los logros principales de la ciencia; esto incluye aprender los conceptos, modelos y teorías.
*   Aprender <u>acerca de ciencias</u>. Comprender la naturaleza de la CyT, los métodos usados, cómo se lleva a cabo la investigación en la práctica.
*   Aprender <u>a hacer ciencias</u>. Involucrarse y desarrollar destrezas en la práctica de la investigación científica ("ensuciarse las manos").

Los propósitos en la enseñanza de la tecnología pueden escribirse de manera similar:
*   Aprender tecnologías. Comprender modelos usados en tecnología y sus logros.
*   Aprender acerca de tecnologías. Comprender sobre la naturaleza de la tecnología, sus entornos, contextos.
*   Aprender a hacer tecnologías. Esto principalmente equivale a <u>diseñar</u>. Diseño es un proceso de selección de alternativas. Los modelos permiten hacer que las alternativas sean objetivas y poder así manipularlas.

3.2 CONTRIBUCIONES DE LOS MODELOS A LOS PROPÓSITOS DE ENSEÑANZA DE CYT

Nos preguntamos: ¿Por qué es importante un enfoque basado en modelos para la enseñanza y el aprendizaje? Dentro de los enfoques posibles en la enseñanza de la ciencia, hay uno que privilegia los modelos como eje. En este capítulo veremos el enfoque propuesto por el Grupo MISTRE, generado en la Universidad de Reading, en Inglaterra (Gilbert y Boulter, 2000). Este grupo tiene integrantes de muchos países, incluyendo Brasil.

¿Cuáles son las contribuciones principales que aporta el trabajo con modelos al proceso de aprendizaje de las ciencias?

- Ayudar a "aprender ciencia".
    - La formación de modelos mentales o modelos expresados son cruciales para comprender fenómenos o conocimientos.
    - Se ha reconocido explícitamente que la modelación y los modelos son fundamentales como proceso y producto en la ciencia y en su enseñanza.
- Ayudar a "aprender a hacer ciencia".
    - La producción de modelos o la experimentación con ellos es una actividad central en los procesos que se llevan a cabo en la ciencia.
    - El proceso de modelación es una de las actividades más importantes que hacen los científicos.
- Ayudan a aprender "acerca de las ciencias".
    - Los modelos se desarrollan en un contexto determinado y ponen en evidencia la naturaleza de la ciencia. Dan oportunidad de aprender acerca de las ciencias.
    - La ciencia es un logro cultural muy importante de la humanidad y su naturaleza y sus logros deben ser reconocidos tanto por docentes como por estudiantes. Los modelos juegan un papel mayor en la ciencia y son cruciales para comprender muchos de los logros que se alcanzan.
    - Los modelos contribuyen fuertemente a consolidar el puente entre la ciencia y la tecnología y a través de esa vía la investigación tiene implicaciones económicas muy fuertes.

3.3 TIPOS DE MODELOS QUE SE USAN EN LA ENSEÑANZA DE CyT

La visión de modelos desde la enseñanza de las ciencias es diferente en algunos aspectos de la visión desde la ciencia misma. Es común distinguir entre modelos de acuerdo a su estatus ontológico, siguiendo una línea de análisis que va de lo más personal a lo más social:

- **Modelo mental**. Es una representación cognitiva personal. La psicología cognitiva tiene mucho interés en esto, y uno de los principales autores en este campo es Johnson-Laird (1983).
- **Modelo expresado**. Ocurre cuando se coloca un modelo en el dominio público, usando alguna forma de representación o algún medio. Nótese que cuando uno expresa un modelo mental, automáticamente se lo está cambiando (aunque sea de manera involuntaria).
- **Modelo consensuado**. Cuando un grupo de investigadores asignan valor a un modelo, dándole aceptación. Se dice que pasó a ser un modelo científico.
- **Modelo histórico**. Es un modelo consensuado producido en un contexto histórico determinado (del pasado).

- **Modelo curricular**. Involucra la entrada del modelo al proceso formal de aprendizaje. Para ello, se desarrolla una versión simplificada de un modelo científico, que va a ser incluido en el currículo formal.
- **Modelo de enseñanza en el aula**. Significa la entrada del modelo al aula. Las dificultades de las anteriores versiones de modelos hacen necesaria una nueva versión para ser trabajada con estudiantes.

También se los términos de modelos híbridos y modelos de pedagogía:
- **Modelos híbridos**. Cuando hay una mezcla de características de diferentes modelos, como modelos consensuados, históricos o curriculares.
- **Modelos de pedagogía**. Tiene que ver con la naturaleza de la ciencia, de la enseñanza y del aprendizaje.

Modos de representación usados en modelos de enseñanza

Esta distinción se refiere a los medios usados para expresar un modelo:
- Concreto
- Verbal
- Visual
- Matemático
- Computacional
- Virtual

3.4 AUTENTICIDAD DE LOS MODELOS USADOS EN LA ENSEÑANZA DE LA CIENCIA

El grupo MISTRE de la Universidad de Reading en Inglaterra defiende el principio de "autenticidad", que puede expresarse más o menos así: La educación auténtica de ciencias debe estar basada en una visión de la naturaleza de la ciencia que sea razonablemente aceptable para los propios investigadores, para los historiadores y para los filósofos de la ciencia. Los modelos usados en la enseñanza deben reflejar lo más posible las estructuras de las disciplinas científicas de las que provienen. Esto es muy importante, porque usando un principio como este es que después se establecen los curriculum educativos.

La enseñanza auténtica debe reflejar
- Autenticidad en las epistemologías, o sea los procesos por los cuales se construyen conocimientos en CyT. Nótese que los científicos tienden a aceptar una visión realista con respecto a su objeto de estudio, por lo menos de manera provisoria. Una visión aceptable de constructivismo en educación en ciencias debe sostener, por lo menos, una versión débil de realismo. Esto no es incompatible con ver las teorías científicas como construcciones sociales.
- Autenticidad en los contextos, o sea los sistemas de valores subyacentes a esas actividades, las situaciones en las que se llevan a cabo y sus propósitos.
- Autenticidad en las ontologías, o sea en las entidades con las cuales tratan y las que son sus productos.

El aspecto de autenticidad en la epistemología ha sido discutido extensamente por el grupo MISTRE. Estudiaron a tres autores acerca de la realidad, teoría y modelos: Thomas Kuhn, Nancy Nersessian y Mario Bunge.

- La idea central de Kuhn es la "ejemplares", que son "modelos de problemas" en ciencias. Esto fue una idea novedosa. Su tratamiento de modelos en ciencias no fue nada específico y se confunde con el tratamiento de teorías.
- Nersessian da escasa atención al contexto de justificación y se concentra en el de descubrimiento/invención (lo contrario del enfoque de Kuhn).
- Bunge trata en detalle la distinción entre modelo y teoría. En este punto puede ser de mucha utilidad para que lo comprendan los estudiantes.

La autenticidad también nos obliga a pensar sobre la relación entre "cambio en ciencia" y "cambio en la cognición de los individuos". Por un lado, tenemos el descubrimiento que realiza un científico sobre algo que se desconocía en la ciencia (que implica una novedad para todos los científicos que trabajan en ese campo). Por otro lado tenemos el aprendizaje de un individuo que logra una cognición (que no necesariamente guarda relación con otros individuos y sus aprendizajes). ¿Qué relación guardan esos dos cambios?

- Hay algunas visiones extremas, como la de Piaget y Rolando García, que afirman que es lo mismo. Sostienen que ambos tipos de cambio deben estudiarse de la misma forma. En su libro "Contra el Método", Fayerabend también parece sostener eso, porque constantemente usa la forma que aprende un niño como una manera de explorar los progresos en la ciencia.
- Según Nancy Nersessian, solamente se trata de una analogía.
- Otros autores hablan de un paralelismo. Nos parece más adecuado mirar esta relación como paralelismo, a partir de lo cual se puede lograr comprender mejor el cambio en la cognición de los individuos.

3.5 MODELOS COMO REPRESENTACIONES PARA CONSTRUIR EXPLICACIONES

Según algunas visiones, el propósito de la ciencia es producir explicaciones al mundo natural. Una de las funciones principales de los modelos en la enseñanza de las ciencias es la posibilidad de construir explicaciones a partir de experimentar con modelos. De manera que mencionaremos a continuación algunas ideas acerca de explicaciones.

De manera simplista, una explicación es una respuesta que se provee a una pregunta específica. En una explicación científica, la pregunta en cuestión se refiere a algún fenómeno o evento del mundo, y la respuesta se fundamenta en algún procedimiento o metodología aceptada por los científicos.

En el ámbito educativo hay dos roles importantes, el que hace la pregunta y el que la responde. En la educación tradicional el que pregunta es el estudiante y el maestro responde (explica). En la actualidad se puede revertir esa situación, en parte gracias al uso de modelos, de manera que son los estudiantes los que buscan las explicaciones haciendo experimentación con modelos.

Como educadores, nos corresponde evaluar las respuestas que proveen los estudiantes. El grupo MISTRE propone considerar que una explicación es apropiada si es adecuada, relevante y de calidad.

- La <u>adecuación</u> de la explicación se refiere a la relación que exista entre el tipo de explicación y el tipo de pregunta.
- La <u>relevancia</u> considera si la explicación satisface las necesidades de quien pregunta.
- La <u>calidad</u> es una medida del estatus científico de la explicación.

3.6 MODELOS HISTÓRICOS DE ENSEÑANZA

Dijimos que un modelo histórico es un modelo consensuado, producido en un contexto histórico determinado (del pasado). Matthews (1994) ha sido el defensor más lúcido del empleo de modelos históricos en la enseñanza de las ciencias.

Para enseñar con un enfoque histórico es necesario:

- Hacer explícito el contexto. El contexto es el sistema de creencias filosóficas, científicas, tecnológicas y sociales que ocurrieron en la época histórica en la cual se desarrolló el modelo considerado. El ejemplo de la maqueta construida por Batolomeo d'Agnolo, considerado en el capitulo anterior, ilustra la importancia de conocer el marco y contexto para comprender el posicionamiento de un modelo en una época determinada.
- Definir los criterios usados para caracterizar cada modelo. Los modelos se caracterizaron con respecto a conocimientos de su época y puede ser inadecuado evaluarlos con respecto a conocimientos de la actualidad, porque así seguramente no entenderíamos nada. Thomas Kuhn se ha preocupado mucho por este aspecto.
- Definir los criterios usados para discutir cómo se logró el consenso en cada modelo. El proceso seguido para lograr un consenso puede haber sido largo y complejo. Tiene que ver con el contexto de justificación, pero también con la sociología de la ciencia.
- Definir criterios para investigar los cambios de problema y sus competencias. Debemos recordar que en modelos, ningún consenso es definitivo sino que es provisorio. En los estudios históricos es donde más se pone en evidencia que los modelos (mucho más que las teorías) se desarrollan para ser modificados o superados en la posteridad.

Estos aspectos tienen que ver con la dinámica de modelación: cuáles son los nuevos aspectos que se incorporaron en el modelo, cómo se superaron las anteriores deficiencias, y cómo se identificaron nuevas deficiencias en cada modelo.

Actividad	1	Modelos históricos de enseñanza
Rosaria Justi es brasilera, profesora en la Universidad Federal de Minas Gerais e integra el Grupo MISTRE, generado y coordinado por la Universidad de Reading en Inglaterra. Lea su artículo de 2006 titulado: "La enseñanza de las ciencias basada en la elaboración de		

modelos". Responda a las siguientes preguntas guía:

1. ¿Qué objetivos propone Hodson para la enseñanza de las ciencias?
2. ¿Cuáles son las barreras que existen para alcanzar esos objetivos?
3. ¿Por qué se dice que no hay que enfatizar el conflicto cognitivo para producir una ruptura conceptual rápida?
4. ¿Qué funciones pueden desempeñar los modelos en la enseñanza de las ciencias?
5. ¿En qué sentido se afirma que los modelos son entidades autónomas?
6. ¿Qué diferencias encuentra entre los modelos curriculares y modelos de enseñanza?
7. ¿Qué entiende por el proceso de construcción de modelos?
8. ¿Qué dificultades hay para ensenar a construir modelos?
9. Explique sucintamente en sus propios términos los aspectos más importantes de la propuesta de enseñanza de Justi y Gilbert.
10. Dentro de esa propuesta, ¿por qué motivos se rechazaría un modelo? ¿Qué relación encuentra entre eso y rechazar una teoría en ciencias?
11. Según Justi, ¿Qué papel juegan las analogías en la construcción de modelos?
12. ¿Qué idea tiene la autora acerca de si los estudiantes deben pensar como científicos?
13. ¿Qué actividades conlleva la comprobación de un modelo?
14. ¿Por qué motivos usted debería involucrarse en la construcción de modelos para poder enseñar según el enfoque de Justi?
15. ¿Quién cree usted que es responsable de iniciar el proceso de construcción de modelos en el aula?
16. ¿Qué roles tienen el profesor y los estudiantes durante el proceso de construcción de modelos?
17. ¿Qué alternativas considera Justi para pasar de un modelo mental a su construcción?
18. ¿Qué son preguntas generadoras?
19. ¿Cómo se puede fomentar la comprensión de que diferentes modelos pueden representar el mismo objeto o proceso? (falta de unicidad de los modelos)
20. Sintetice los resultados que se disponen sobre la utilización de enfoques basados en modelos?

Una de las posibles contribuciones de este estudio puede ser en tratar de refinar entradas en Wikipedia, de manera de adecuar conceptos relacionados a modelos. La siguiente actividad va en esa dirección.

Actividad	2	Wikipedia

Considere la entrada de MODELOS DE ENSEÑANZA, en WIKIPEDIA. Desde el punto de vista de lo estudiado en este curso, analice en qué sentido se usa allí el término modelo. Critique la entrada y proponga modificaciones de ser necesario.

Algunas respuestas posibles: La entrada en Wikipedia hace referencia a tres modelos predominantes de enseñanza: transmitivo, de condicionamiento y constructivista, que la enciclopedia identifica con los nombres de Modelo Tradicional, Conductista y Constructivista. Ninguna de esas tendencias constituye un modelo, en el sentido que carecen de operatividad por sí mismos, de modo que quizás deberían identificarse como teorías en lugar de modelos. Hay modelos que pueden derivarse de cada una de ellas. En el segundo párrafo de la entrada, se escribe: "hay tres modelos o ideologías predominantes", de manera que se usa el término modelo como sinónimo de ideología. En ese caso sería más correcto titular la entrada como "Ideologías de enseñanza" o "teorías de enseñanza".

REFERENCIAS

Gilbert, John K. y Boulter, Carolyn J. (Eds.) (2000), *Developing Models in Science Education*, Kluwer Academic, Dordrecht, Holanda.

Johnson-Laird, Phillip (1983), *Mental Models*, Cambridge University Press.

Justi, Rosaria (2006), La enseñanza de ciencias basada en la elaboración de modelos, *Enseñanza de las Ciencias*, vol. 24 (2), pp. 173-184.

Matthews, Michael R. (1994), *Science Teaching: The Role of History and Philosophy of Science*, Routledge, New York.

APENDICE: Comentarios de estudiantes acerca del artículo de Justi

Algunos comentarios críticos recogidos de discusión en clase fueron los siguientes:

- El problema motivador de esta metodología parece ser que los estudiantes no eligen aprender ciencias sino otras disciplinas. Hay una buena revisión de la problemática. Pero al finalizar la lectura, no se satisfacen las necesidades que la autora ha generado.
- El planteo de la propuesta es de naturaleza general y no resalta suficientemente que ventajas puede tener el trabajo educativo con modelos frente al trabajo con otros elementos de la ciencia. En este sentido, no defiende lo suficiente el mérito del uso de modelos.
- El artículo no presenta especificidades acerca del trabajo con modelos. No aporta evidencia que avale que ha habido aprendizaje. En parte esto se debe a que el artículo es el texto de una conferencia magistral presentada por la autora y no un informe de investigación.
- Cuando los estudiantes deben construir modelos en clase, surge el problema que algunos de ellos desarrollaran modelos que no son adecuados. Eso puede generar frustración en los estudiantes que no alcanzan lo que se esperaba de ellos y puede repercutir en una baja autoestima.

CAPITULO 4

TIPOS Y FUNCIONES DE MODELOS

No hay un único tipo ni tampoco una única función que desempeñan los modelos en las ciencias y en su enseñanza. Este capítulo ofrece una panorámica de posibilidades en diferentes disciplinas, enfatizando las diferencias que hay entre modelos de acuerdo al campo en el que se desarrollan.

4.1 FUNCIONES QUE CUMPLEN LOS MODELOS

De las múltiples funciones que puede desempeñar un modelo en ciencias, mencionaremos tres:

Comprender algo que no se puede observar directamente. Por ejemplo (ver Figura 4.1),

- Médicos desearían visualizar el interior de un corazón durante sus latidos; sin embargo no pueden hacerlo directamente.
- Industriales de siderurgia quisieran visualizar la estructura de una aleación durante el proceso de solidificación que la forma. Pero no pueden colocar instrumentos de medición sin interferir en el proceso de solidificación. Solo pueden acceder de manera no invasiva a los estados iniciales y finales.

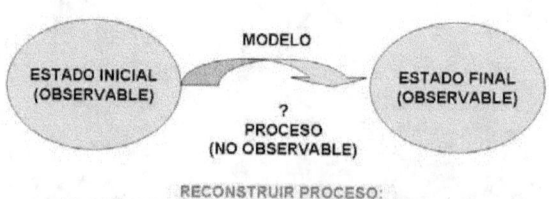

Figura 4.1. Modelos que permiten comprender algo que no se puede observar directamente.

Comprender algo que ocurrió en un pasado remoto. Por ejemplo (ver Figura 4.2),

- Climatólogos quisieran comprender la evolución de la temperatura del planeta en tiempos geológicos, pero solo tienen información de los últimos 150 años. Los datos se vuelven menos confiables y consistentes a medida que retrocedemos en el tiempo.
- Biólogos quisieran identificar las causas que produjeron una extinción masiva de especies (incluyendo dinosaurios) hace 150 millones de años.

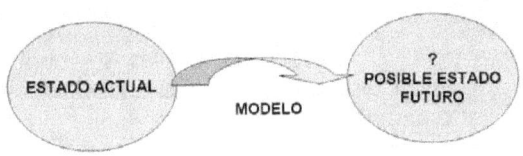

PREDICCION: AVERIGUAR QUE PUEDE LLEGAR A OCURRIR A PARTIR DEL ESTADO ACTUAL

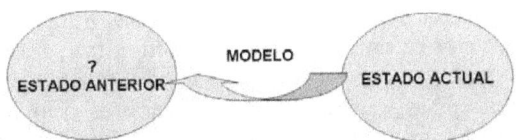

PROBLEMA INVERSO: AVERIGUAR QUE CONDICIONES DIERON ORIGEN AL ESTADO ACTUAL

Figura 4.2. Modelos que permiten anticipar consecuencias o que permiten comprender lo que ocurrió en el pasado.

Anticipar consecuencias. Por ejemplo (ver Figura 4.3),

- Ingenieros quisieran optimizar las características estructurales de un nuevo diseño, probando distintas alternativas antes de pasar a la etapa de prototipo. Por motivos de costo no se puede pasar de la idea al prototipo.
- Agrónomos desearían anticipar qué influencia tendría la introducción de una especie foránea de árboles en un lugar donde hay vegetación autóctona.

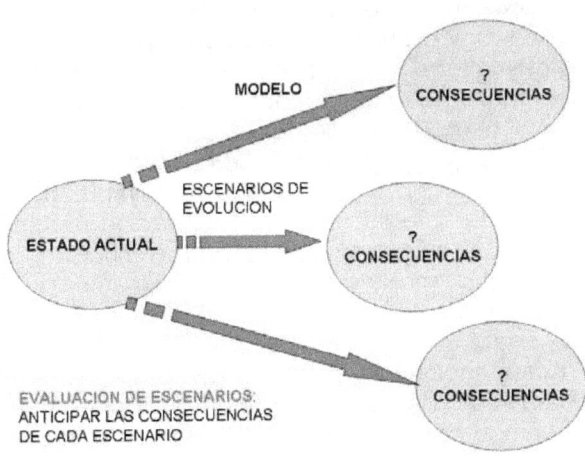

Figura 4.3. Modelos que permiten explorar consecuencias.

Actividad	1	Funciones de modelos
Provea ejemplos de su propio campo de interés sobre las funciones que pueden desempeñar diferentes modelos.		

4.2 TIPOS DE MODELOS

Hay varias perspectivas desde las cuales se pueden establecer tipologías de modelos, debido en parte a la variedad de modelos que pueden usarse en ciencias y en su enseñanza. Como ejemplos de perspectivas, podemos considerar las formas de representación, los medios usados para construir el modelo y los objetivos del modelo.

En cuanto a las <u>formas de representación</u> usadas, generalmente se distingue entre modelos icónicos, analógicos y simbólicos:

- **Modelos Icónicos**, cuando son visualmente equivalentes a lo que representan, pero siempre son incompletos, como mapas o maquetas.
- **Modelos Analógicos**, cuando son equivalentes a lo que representan en cuanto a su función, aunque no se parezcan visualmente. Los modelos didácticos suelen ser de este tipo, como el modelo del glacial que vimos en el Capítulo 2. En los analógicos no hay escala, sino que se establece una relación de analogía entre dos fenómenos distintos.
- **Modelos Simbólicos**, cuando son abstracciones de lo que representan, como por ejemplo, las formulaciones matemáticas.

Considerando los <u>medios usados para construir el modelo</u>, suele distinguirse entre modelos concretos, lógicos, matemáticos o computacionales, conceptuales y juegos de roles.

- **Modelos Concretos**, cuando se construye el modelo usando algún material. Se construyen y se los somete a una variedad de condiciones. Generalmente hay una escala, o una relación de similitud. Son modelos icónicos.
- **Modelos Lógicos**. Cuando las reglas de relación de variables se derivan de una Lógica. Son modelos simbólicos.
- **Modelos Matemáticos**. Cuando incluyen conjuntos de ecuaciones que representan un objeto o proceso. Son modelos simbólicos. En algunos casos se aplican porque se conoce mucho sobre como opera la realidad que se investiga y se le tiene confianza al modelo. En otros casos se acepta un modelo muy simplificado, porque se entiende poco del sistema real. La formulación matemática de la mayoría de los problemas en ciencias involucran cambios con respecto a dos o más variables. Generalmente esto se puede representar mediante ecuaciones diferenciales, en las que aparecen gradientes y coeficientes. [1]
- **Modelos Computacionales**. Cuando se construyen computando estados como forma de representación. Como los cómputos se llevan a cabo en computadoras, suelen agruparse con los modelos virtuales.

---

[1] Las ecuaciones diferenciales elípticas tienen condiciones prefijadas en todo su contorno, y están asociadas a problemas en equilibrio y en régimen. Las ecuaciones parabólicas incluyen el tiempo como variable, se conocen condiciones iniciales del problema y también sobre el contorno. La solución se propaga paso a paso. El dominio va cambiando. Son propias de problemas de transferencia. Las ecuaciones hiperbólicas surgen en problemas dinámicos. Las condiciones de contorno se conocen todo el tiempo y se prescriben condiciones a tiempo inicial. El dominio también es abierto.

Sin embargo, estos últimos son más amplios. En algunos casos intentan ser icónicos.

- **Modelos Conceptuales**. Cuando se establecen relaciones escritas en lenguaje natural, sin empleo explícito de una lógica. Son simbólicos. Por ejemplo, el modelo de la teoría de comunicación mostrado en la Figura 4.4.
- **Juego de Roles**. Cuando se modela una situación mediante jugadores humanos, en un ambiente simulado de reglas, con la expectativa de que ocurran cosas. Son icónicos.

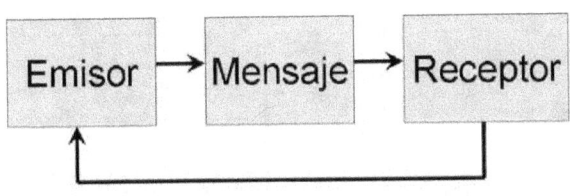

Figura 4.4. Ejemplo de un modelo conceptual en la teoría de la comunicación.

Desde la perspectiva de los <u>objetivos del modelo</u>, pueden considerarse modelos prescriptivos, descriptivos y predictivos (Waddington, 1977, pp. 207):

- Los **Modelos Descriptivos** describen una situación en un momento determinado. Representan una cosa o proceso en base a algunas condiciones que se conocen.
- Los **Modelos Predictivos** contienen variables que dependen de alguna medida de tiempo. Pueden usarse para predecir lo que ocurrirá cuando se produzcan cambios en la situación del sistema. El modelo de huracanes discutido en el Capítulo 2 es de este tipo.
- Los **Modelos Prescriptivos** especifican el procedimiento que debe seguirse para lograr algo. Estos modelos contienen guías y reglas, como protocolos de laboratorio. Los modelos de máquinas de Leonardo da Vinci eran de este tipo.

Para Hawking, una característica esencial de los modelos es que deben poder predecir:

"Consideremos aquí un punto de vista ingenuo, en el que una teoría es simplemente un modelo (del universo o de una parte de él) y un conjunto de reglas que relacionan las magnitudes del modelo con las observaciones que realizamos. Esto solo existe en nuestras mentes y no tiene ninguna otra realidad (cualquiera que sea lo que esto puede significar). Una teoría es una buena teoría siempre que se satisfagan dos requisitos: (a) Debe describir con precisión un amplio campo de observaciones sobre la base de un modelo que contenga solo unos pocos parámetros arbitrarios; (b) Debe ser capaz de predecir positivamente los resultados de observaciones futuras. Cualquier teoría es siempre provisional." (Hawking, 1988, pp. 27)

De acuerdo al <u>alcance</u> que se da a un modelo, puede resultar conveniente distinguir entre modelos locales y globales. Con referencia a la Figura 4.5,

- **Modelos Locales.** Representan la vecindad de un estado o configuración de un sistema y no pretenden extenderse a distancias mayores del estado de referencia considerado. Se pueden explicar diferencias con respecto a otros estados vecinos más fácilmente porque se han variado parámetros en forma controlada con respecto al estado A. Consisten en describir algo en un entorno de su vecindad.
- **Modelos Globales.** Pretenden representar una extensión grande en el dominio de un sistema. Puede haber saltos cualitativos entre dos regiones del dominio. A veces es difícil explicar las diferencias entre A y E, porque no se establecen parámetros comunes.

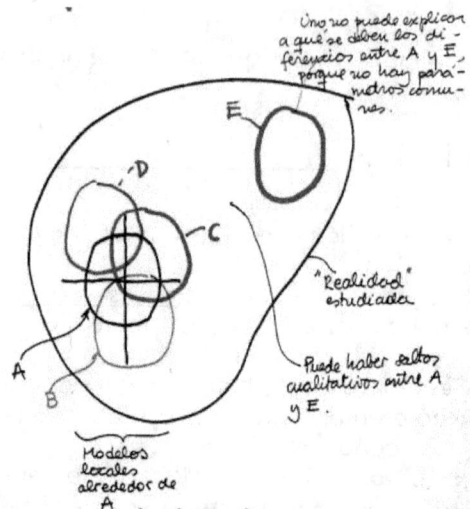

Figura 4.5. Ilustración gráfica de dominios de modelos locales y globales.

Otra perspectiva distinguiría entre modelos cualitativos y cuantitativos. Puede haber varios significados en esta distinción.
- Modelos en los que las variables se representan de manera cualitativa.
- Modelos en los que la respuesta se consigue de manera cualitativa. Esto se refiere a si logran representar aspectos cualitativos o cuantitativos del sistema.

Generalmente hay una actitud peyorativa frente a los modelos cualitativos, porque a veces se usan con cierta ingenuidad y por la falta de precisión de las ideas que emplean.

Para hacer estimaciones cualitativas hay que saber reconocer cuando dos cosas son de la misma clase. Por ejemplo, cuando un rombo y un cuadrado pertenecen a la misma clase.

La Figura 4.6 muestra la respuesta de un sistema que se modela y dos aproximaciones: una de ellas aproxima cualitativamente la respuesta, pero cuantitativamente no es demasiado buena. La otra es mejor desde el punto de vista cuantitativo, pero cualitativamente no es muy buena.

41

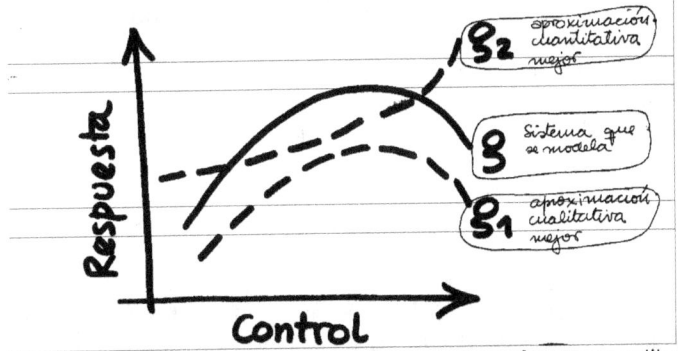

Figura 4.6. Modelos que aproximan una respuesta en forma cuantitativa y cualitativa.

4.3 ACTIVIDADES INVOLUCRADAS EN EL PROCESO DE CONSTRUIR UN MODELO

Modelar es una actividad intelectual de representar un sistema o un objeto usando lenguajes y procedimientos formalizados.

Actividad	2	Actividades en la construcción de modelos

Considere algún modelo de su propio campo de interés. (1) Haga un listado de las actividades que pueden necesitarse para la construcción del modelo. (2) Ponga en común sus resultados con los de otros grupos y obtenga un listado de síntesis. (3) Compare con el listado que se da a continuación, hecho por expertos, para modelos computacionales.

Para ilustrar la complejidad del proceso, tomaremos como ejemplo el desarrollo de un modelo computacional.

Del problema al modelo conceptual. Este pasaje involucra:
- Identificar claramente el objeto, proceso o sistema que se quiere modelar.
- Establecer preguntas que se van a tratar de responder mediante el uso del modelo.
- Identificar los elementos clave que forman una versión abstracta de los objetos a modelar.
- Delimitar el modelo abstrayendo los detalles y concentrándose en las relaciones que se consideran significativas.
- Formular las variables que describen el objeto y las relaciones que se pueden establecer.
- Reconocer tipos de modelos que pueden usarse en el caso bajo estudio y que han sido exitosos en problemas análogos.
- Construir una estructura para el modelo.
- Verificar que el modelo definido será completo y operable cuando se lo implemente.

Del modelo conceptual al computacional. Este pasaje involucra:

- Traducir el modelo conceptual a un lenguaje formal.
- Establecer algoritmos para la ejecución del modelo.
- Construir bases de datos para la entrada.
- Establecer condiciones iniciales y de borde.
- Lograr que el modelo computacional opere.

Del modelo computacional a sus resultados. Este pasaje involucra:
- Obtener resultados que en principio tengan sentido.
- Evaluar las respuestas identificando no linealidades.
- Validar y verificar.
- Establecer predicciones o conclusiones del modelo.
- Investigar la sensibilidad del modelo.

De los resultados a la mejora del modelo. Este pasaje involucra:
- Identificar las mayores fuentes de incertidumbre.
- Identificar las fuentes de inconsistencia entre niveles de detalle con que se han modelado las partes.
- Reconocer mejoras en el modelo conceptual (hipótesis).
- Reconocer mejoras posibles en el modelo computacional (algoritmos, acceso a datos, etc.).
- Reconocer posibles mejoras en los recursos tecnológicos usados.
- Refinar el modelo.

Recientemente ha habido cambios en la cultura de modelar. En el pasado se desarrollaba la teoría y los modelos antes de recolectar datos. Esto es viable en campos de estudio en los cuales hay leyes matemáticas fundamentales. En algunos casos de investigaciones más recientes, son los datos los que empujan el desarrollo de la teoría y los modelos, como en bioinformática.

4.4 CRITERIOS DE EVALUACION DE MODELOS

Hay un sentido utilitario en el uso de modelos, de manera que se evalúan considerando si son útiles para algún fin determinado. La evaluación de modelos es siempre relativa, no absoluta.

En general, podemos identificar varios criterios de evaluación, incluyendo calidad, claridad, posibilidades de mejora, operabilidad, capacidad de descubrimiento, posibilidad de comprobar hipótesis. No todos estos criterios serán útiles en la evaluación de todo modelo, pero pueden ser un buen punto de partida.

Los indicadores de evaluación varían si se trata de modelos para investigación o de modelos de enseñanza.
- Calidad del modelo. En su versión actual, ¿el modelo es útil con respecto al propósito para el cual fue desarrollado? ¿Describe adecuadamente el sistema o proceso que representa?
- Claridad de la estructura del modelo. ¿En qué medida el modelo nos ayuda a organizar ideas sobre el sistema estudiado? ¿Es consistente la modelación? A veces ocurren inconsistencias en la modelación: se modelan en gran detalle algunos aspectos de un problema, mientras que otros quedan representados de manera demasiado grosera.

- Posibilidades de refinarlo. Se refiere a la capacidad de mejorar el modelo. ¿Nos da la oportunidad de incorporar aspectos que consideramos relevantes y que no se incluyeron en un primer momento?
- Operabilidad. ¿Es posible operar con el modelo? ¿Permite predecir eventos o generar evidencia nueva? ¿Permite reproducir evidencias o experiencias pasadas?
- Capacidad de descubrir cosas nuevas. ¿Permite visualizar comportamientos que estaban aparentemente ocultos? ¿Permite completar información que solo se disponía de manera parcial?
- Posibilidad de comprobar hipótesis. ¿Permite representar la evolución de un sistema al que no tendríamos acceso a lo largo de todo un proceso, sino solo al inicio y al final?

4.5 FACTORES QUE PROMUEVEN AVANCES EN MODELOS Y MODELACION

Generalmente ocurren avances en modelación porque aumentaron nuestras necesidades o porque mejoraron nuestras habilidades o capacidades. Algunos ejemplos que promueven avances en modelación son:
- Demandas internas. Dentro de la cultura científica actual, queremos resolver todo lo que podemos resolver. Es una necesidad auto-generada de simular procesos de complejidad creciente.
- Demandas exteriores.
  - Sustitución de procesos tradicionalmente llevados a cabo sobre objetos concretos por procesos sobre objetos virtuales. Hay necesidad de modelar los efectos de fenómenos complejos bajo condiciones realistas, de predecir bajo condiciones de incertidumbre.
  - Demandas de la economía globalizada. Hay un aumento de la competencia tecnológica global, que requiere reducciones de tiempos, eliminación de prototipos. Se da un desplazamiento del método tradicional de construir y ensayar prototipos a favor de un diseño de ingeniería basado en simulación.
- Demandas emergentes. Las posibilidades de explorar áreas nuevas han abierto interrogantes que no se habían planteado antes de no contarse con capacidades de simulación. Se produce un encuentro con resultados inesperados (como caos o complejidad).
- Capacidades en hardware. Aumento en nuestra capacidad de llevar a cabo cómputos en equipos de alto rendimiento (hardware). Hay mayor capacidad de de visualización.
- Capacidades en software. Aumento en las capacidades de solucionar problemas complejos mediante algoritmos robustos. Los algoritmos influencian el desarrollo y la práctica de la ciencia y la ingeniería. Ejemplos: generación de grillas geométricas, almacenamiento y recuperación de grandes cantidades de datos.
- Capacidad de validar. Hay nuevas capacidades de llevar a cabo un control de calidad de los resultados, incluyendo experimentos físicos. Se trata de asegurar que los modelos se resuelven correctamente y dan resultados confiables.

- Capacidad de acoplar fenómenos a través de disciplinas (estudios interdisciplinarios) o a través de escalas (multiescala).

4.6 DIFERENCIAS EN LAS CARACTERISTICAS DE MODELOS USADOS EN DISTINTAS DISCIPLINAS

Consideremos esfuerzos serios de modelación en diferentes disciplinas. Las actitudes diferentes con respecto al objeto de estudio que se encuentran en cada disciplina hacen que aparezcan fuertes diferencias operativas en el desarrollo y el uso de modelos.

Modelos en Ingeniería

En problemas de ingeniería se usan modelos para desarrollar y evaluar ideas, soluciones y diseños. Como dice Herbert Simon (1996), en general estos modelos tratan con objetos artificiales. Se intenta predecir con la mayor exactitud posible el comportamiento de un producto o proceso. El proceso de diseño se basa en predicciones de respuestas. Pueden necesitar satisfacerse varios criterios de manera simultánea y a veces con objetivos que entran en conflicto. Se emplean tecnologías sofisticadas de cómputo y análisis. En la Figura 4.7.a se muestra un relevamiento de daños a infraestructura y vidas ocurridos después de la explosión atómica en Hiroshima hacia el final de la II Guerra Mundial. En este caso se conocía la situación inicial y también la final, de manera que pueden hacerse suposiciones (mediante modelación) sobre los mecanismos ocurridos a raíz de la bomba. En base a esto se han categorizado zonas de destrucción completa e incendio, destrucción completa, para diferentes distancias del lugar de impacto.

Esa información se ha usado para construir un modelo de daño por una explosión atómica. En la Figura 4.7.b para predecir posibles consecuencias en el escenario de la explosión de una bomba atómica a 168m de altura sobre la ciudad de Washington. Se indican con círculos las zonas (a) donde la mayoría de las estructuras quedan destruidas, (b) donde el 50% de las personas mueren en un mes debido a exposición a radiación, (c) donde se produce fuego que es visible a una distancia de 16Km, (d) donde se produce fuego masivo.

La construcción del modelo que condujo a la Figura 4.7.b usó de manera intensiva la información provista por la Figura 4.7.a, de manera que esa información de Hiroshima ya no puede usarse para validar el modelo. Tampoco es viable desarrollar experimentación en este caso, de manera que el modelo no tiene por el momento formas de mejorarse, a no ser que se desarrollen modelos de simulación que permitan reproducir consecuencias de una explosión en un ambiente virtual.

Uno de los propósitos principales de modelos como el de la Figura 4.7 es que quien lo desarrolla, o a quien se le comunican cosas mediante el modelo, consigan mejorar su comprensión sobre lo que se representa y tome acciones en base a esa comprensión.

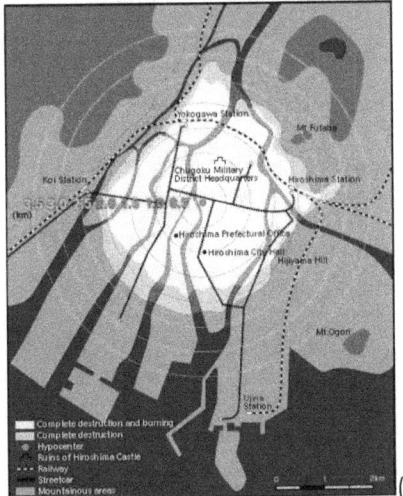
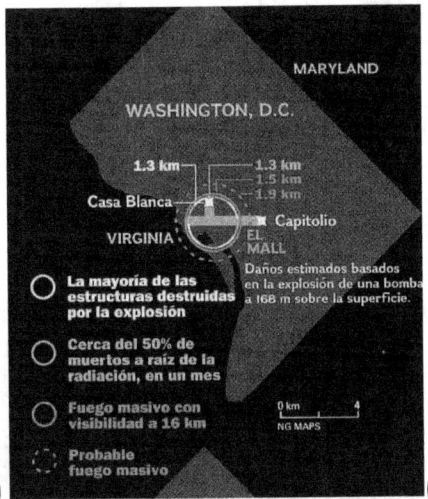

Figura 4.7 (a) Representación de las consecuencias de la explosión atómica en Hiroshima sobre las construcciones y vidas. (b) Resultados de un modelo que permite explorar las consecuencias de una explosión nuclear en la ciudad de Washington.

En general, podemos decir que los modelos permiten organizar los datos, estructurar las ideas, describir relaciones, analizar propuestas, identificar qué sabemos (y qué no sabemos) sobre un problema y su solución.

Modelos en Ciencias Naturales

En las Ciencias Naturales, los modelos matemáticos no tienen la tradición que han mantenido en Física e Ingenierías. Normalmente los objetos y procesos que existen en la naturaleza son mucho más complejos que los objetos artificiales. Solamente pueden estudiarse partes más o menos pequeñas de la naturaleza, sistemas específicos, mecanismos detallados. Las herramientas más usadas son las estadísticas (en diseño experimental) [2] y la búsqueda de patrones (especialmente en Bio-informática).

Ejemplos de preguntas que pueden explorarse mediante el uso de modelos son:

- Evolución: ¿Cuán semejantes pueden ser dos especies y aun así poder persistir juntas?
- Ecología: ¿Por qué algunas poblaciones se mantienen estables de un año a otro, mientras que otras son cíclicas y otras tienen grandes fluctuaciones?
- Epidemiología: ¿Cómo es el impacto demográfico del HIV/SIDA en un país africano. ¿Cuál es la probabilidad que un individuo infectado a su vez infecte a una pareja? El modelo puede hacerse más complejo con datos demográficos detallados. Se plantean interrogantes: ¿Qué

---

[2] Un problema común es aplicar intervalos estadísticos de confianza a distribuciones que resultan de hacer hipótesis arbitrarias acerca de parámetros que se desconocen y luego vestirlos de realidad solo porque pasaron por una computadora

deberíamos privilegiar: refinar la probabilidad a nivel del individuo o la demográfica?

Modelos en Medicina

Lo parecido entre Medicina e Ingeniería es que ambas disciplinas deben solucionar problemas y que requieren comprender la respuesta de sistemas complejos. Pero

- Los modelos en Medicina se basan en el principio de "construir y romper".
- El enfoque es diagnóstico/empírico.
- Los médicos usan varios tests para diagnosticar una condición del paciente y luego planifican una intervención basada en experiencia o datos empíricos.
- No existe un proceso formal para predecir el resultado de un tratamiento en un determinado paciente, sino que se hacen estadísticas de las tasas de éxito de los procedimientos.

Se afirma que estamos a la espera de un cambio crucial en la práctica médica. Se espera que en un futuro, los médicos

- Usen métodos basados en simulación.
- Usen datos específicos del paciente.
- Diseñen tratamientos optimizados para individuos basados en resultados de predicciones.
- Creen un "humano digital".

4.7 MODELOS EN CIENCIAS SOCIALES

Las ciencias sociales tienen una relación compleja con la modelación, especialmente la modelación matemática. Las variables humanas y ambientales con las que se enfrentan los científicos sociales son muy variadas, las posibilidades de experimentos significativos es reducida y muchas veces los datos son cuestionables. Por eso, muchos de los logros más importantes de la sociología y la economía son descriptivos más que analíticos. Los instrumentos matemáticos más extensamente usados son las estadísticas. (Woodcock y Davies, pp. 133)

René Thom (1985, pp. 2) dice que algunas disciplinas, como las ciencias sociales y biología, se han resistido al tratamiento más analítico porque la deducción empírica y cualitativa aun les da suficiente espacio para experimentar y predecir y no tanto porque el material bruto con que trabajan sea demasiado complicado. En realidad, Thom afirma que toda la naturaleza es complicada.

Los enfoques o perspectivas más empleados en la investigación social son prueba de hipótesis, exploración e integrador (Biddle y Anderson, 1989). La modelación es muy útil dentro del primer enfoque y ocupa un lugar secundario en los otros dos.

Enfoque de prueba de hipótesis. Parte de varios supuestos:
- La investigación social produce información objetiva que es útil para la planificación social y que puede generalizarse (se supone que puede evitarse o controlarse la subjetividad del investigador).

- En este enfoque son importantes el diseño de la investigación, la medición fiable de las variables, la estadística de los datos, el examen detallado de las pruebas.
- Se formulan hipótesis, se las comprueba (mediante encuestas por muestreo, experimentos manipulativos, etc.) y se generaliza a otros contextos similares al observado.
- No necesariamente es cuantitativa o positivista.
- Está asociada a la investigación aplicada.

Enfoque de exploración. Parte de los supuestos siguientes:
- Los conceptos y las explicaciones sociales se construyen socialmente, a la vez por investigadores sociales y ciudadanos.
- El conocimiento social está basado en valores y mezclado con un compromiso político. Afirma que algunos descubrimientos son ilusorios y las conclusiones a las que se llega son una mera reafirmación de los compromisos ideológicos de los investigadores.
- Los hechos sociales no pueden interpretarse fuera del contexto político e histórico.
- En este enfoque son importantes los métodos etnográficos, el análisis semántico y la investigación-acción.
- En su versión extrema, desestima la utilidad de toda la investigación social, porque cada hecho es único y no puede repetirse.

Enfoque integrador. Parte de los supuestos siguientes:
- Toda forma de ciencia se basa en una teoría que presumiblemente representa aspectos de los hechos empíricos que podemos observar.
- El investigador observa lo que está ocurriendo y genera ideas para representar los hechos observados.
- Es explicativa y formalizada. Acepta la validez de los métodos cuantitativos y la posibilidad de confrontar hipótesis con datos.
- En este enfoque, una teoría científica es un sistema de conceptos y proposiciones que se utilizan para representar, considerar y predecir hechos observables.
- En este enfoque son importantes la investigación comparativa, interacción tratamiento-aptitud, investigación longitudinal.

4.8 ESTRUCTURALISMO

Los modelos que vemos en este texto se refieren a representaciones de fenómenos naturales o de procesos tecnológicos usando diferentes medios (tanto sea con representaciones concretas, matemáticas o computacionales).

En las ciencias sociales también se han llevado a cabo representaciones de este tipo; sin embargo, uno se pregunta si esa formalización es la única posible o si existen/han existido otras formas de representación.

Para ilustrar y discutir este punto, vamos a considerar los aportes del científico belga Claude Levi-Strauss (1908-) a la antropología. En su momento, Levi-Strauss fue el mayor exponente del "Estructuralismo", una corriente que excedía la antropología, pero que en este caso era crucial para sus estudios sobre la cultura de sociedades diferentes.

Levi-Strauss dice que las manifestaciones de la cultura (como la forma de preparación de los alimentos o la construcción de mitos) tienen aspectos universales no en las manifestaciones mismas, sino en las estructuras subyacentes que tienen. Para representar esas manifestaciones de la cultura, Levi-Strauss formula modelos cualitativos, para lo cual debe identificar componentes y establecer bases de estudio que permitan considerar las prácticas que se identifican en culturas diferentes. De manera que, a pesar de las enormes diferencias que pueden existir entre culturas diferentes (en la geografía o en el tiempo), las prácticas culturales se estructuran de manera similar.

Para ilustrar el tipo de modelo usado por Levi-Strauss, consideremos el llamado "triángulo culinario" (Levi-Strauss, 1965). Los animales solo comen alimentos y en ese contexto, el alimento es cualquier cosa que sus instintos les permita identificar que es comestible. Pero en los seres humanos no operan solamente los instintos sino que la alimentación se da en un contexto cultural. Lo que establece qué es (o qué no es) alimento son las convenciones sociales, que también decretan qué alimentos se deben consumir en determinadas ocasiones. Superficialmente, podemos ver que para la festividad de Thanksgiving (fiesta de acción de gracias en Estados Unidos) la gente come pavo, que en India la gente no debe comer carne de vaca (mientras que en Argentina no hay tales restricciones), o que durante determinadas horas del día durante Ramadán la gente no debe consumir alimentos. Pero Levi-Strauss va más allá de eso, afirma que en todas las culturas hay patrones de jerarquía de alimentos asociados a las formas de cocción, y que los patrones no son específicos de una cultura sino que son universales. ¿Cómo puede ser eso?

Para comprender el modelo, hay que considerar las diferentes formas de transformar los alimentos (Figura 4.8). Un alimento cocinado puede pensarse como un alimento crudo fresco que ha sido transformado por medios culturales. En contraste, el alimento podrido puede pensarse como un alimento crudo fresco que ha sido transformado por medios naturales.

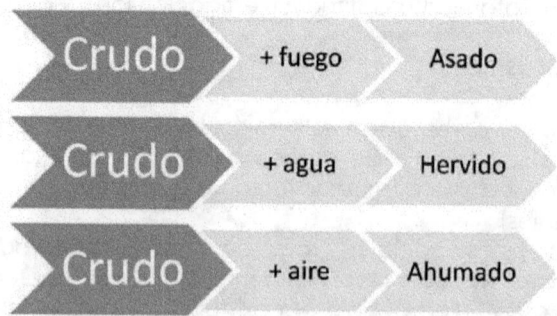

Figura 4.8: El modelo de crudo y cocido de Levi-Strauss (1965).

Esto, sugiere Levi-Strauss, puede verse mediante oposiciones entre transformado/normal y cultural/natural. Esta oposición no está restringida a los alimentos, sino que forma parte de la estructura que Levi-Strauss asigna a muchas manifestaciones culturales. Se muestra el triángulo inicial en la Figura 4.9, con un eje horizontal que distingue las transformaciones hechas por la cultura o por la naturaleza, y en medio está el crudo. El eje vertical distingue el estado del alimento de estado natural (crudo) a transformado.

Lo novedoso aumenta cuando Levi-Strauss asigna jerarquías a las principales formas de cocción. De ellas, identifica

- Asar. La carne (o alimento) se transforma en contacto directo con el fuego o agente de cocción. No media ningún artefacto cultural (como recipiente), ni el aire ni el agua. El proceso de asado es parcial.
- Hervir. Es un proceso que reduce el crudo a un estado transformado usando agua y un recipiente (que es un objeto de la cultura).
- Ahumar. No requiere de la mediación de recipientes ni aparatos, usa aire, produce una cocción total.

La situación sería más complicada si agregáramos fritar, o distinguiéramos entre "cocinar al vapor" y "hervir", o "grill" de "asar", pero Levi-Strauss deja fuera esas formas para concentrarse en culturas más primitivas.

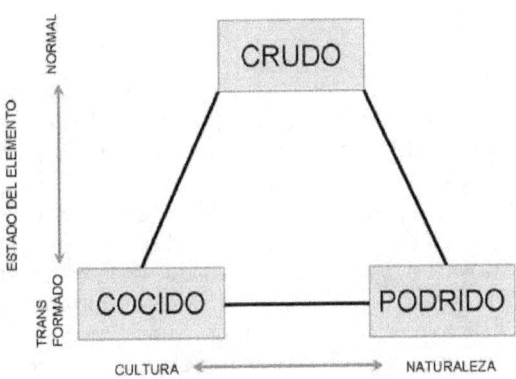

Figura 4.9 Triángulo culinario de Levi-Strauss (1965).

Levi-Strauss sostiene que diferentes culturas usan sub-categorías para el alimento y trata cada sub-categoría de manera diferente. Además, a cada sub-categoría le corresponde diferente nivel de prestigio social y allí es donde aparecen las similitudes entre culturas.

Así, los platos de carne asada tienen un lugar importante en el menú, mientras que los hervidos o ahumados se consideran adecuados para niños o enfermos. Gente de otras culturas, muy diferentes de la nuestra, clasifica sus alimentos de la misma manera. Hervir provee una forma de conservación completa de la carne y sus jugos, y está asociado a escasez de recursos, mientras que asar implica perder una parte del alimento y está asociado al lujo o la abundancia. Las categorías de cocinar sufren una apropiación como un símbolo de diferenciación social.

Levi-Strauss superpone el triángulo de estados del alimento con esta información y genera las jerarquías.

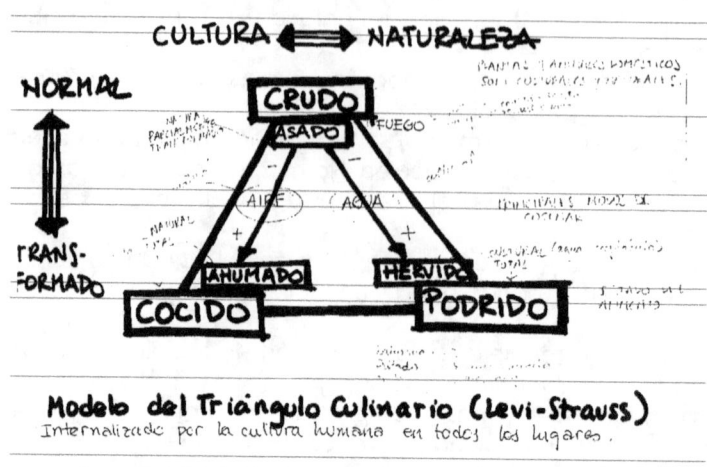

Figura 4.10 Triángulo culinario completo de Levi-Strauss (1965).

Discusión

Podemos preguntarnos ¿Por qué debería haber una estructura en estas manifestaciones de la cultura? Esta es la base del estructuralismo, y también de la teoría de sistemas y la dinámica de sistemas. Según Leach, el argumento va así:

"Lo que sabemos acerca del mundo exterior lo tomamos a través de nuestros sentidos. Los fenómenos que percibimos tienen las características que les atribuimos debido a la forma en que operan nuestros sentidos y a la forma en que está diseñado el cerebro humano para ordenar e interpretar los estímulos que le llegan. Un aspecto muy importante de este proceso de ordenar es que nosotros cortamos el continuo espacial y temporal que nos ordena en segmentos, de manera que estamos predispuestos a pensar nuestro ambiente (entorno) como formado por un número de cosas separadas que pertenecen a clases nominadas y a pensar en el paso del tiempo como que consiste de secuencias de eventos separados. En correspondencia con eso, cuando hay hombres, construimos cosas artificiales (artefactos de todo tipo) o ceremonias o escribimos historias del pasado, estamos imitando nuestra apropiación de la naturaleza: los productos de nuestra cultura están segmentados y ordenados de la misma forma que suponemos que los productos de la naturaleza están ordenados y segmentados" (Leach, 1970, pp. 21).

En la visión de Levi-Strauss, los universales de la cultura solamente existen a nivel de las estructuras, no a nivel de hechos manifiestos.

A continuación sigue la crítica que hace Leach:
"Es verdad que un antropólogo experimentado visitando una sociedad primitiva 'nueva' por primera vez y trabajando con la ayuda de un intérprete competente, puede, después de una estadía de solo unos pocos días, desarrollar en su mente un 'modelo' comprensivo de cómo trabaja el sistema social. Pero también es verdad que si permanece por

seis meses y aprende a hablar la lengua local, muy poco quedará del modelo original. La tarea de entender cómo funciona el sistema aparecerá aun más formidable de lo que era dos días después de la primera llegada. En sus escritos, Levi-Strauss supone que el 'modelo' simple inicial generado por la primera impresión del observador corresponde bastante bien a una realidad etnográfica genuina (y muy importante): el 'modelo consciente' que está presente en la mente de los informantes del antropólogo. Por el contrario, a los antropólogos que han tenido un rango de experiencias en campo mayor y más variado, les resulta obvio que este modelo inicial es poco más que una amalgama de las presuposiciones prejuiciadas del propio observador" (Leach, 1970, pp. 19).

REFERENCIAS

Biddle B. J., Anderson D. S. (1989), "Teoría, métodos, conocimiento e investigación sobre la enseñanza", Capítulo 2 en: *La Investigación en la Enseñanza* (Ed. M. C. Wittrock), Paidós, Barcelona, pp. 93-148. Traducción del original en inglés de 1986.

Hawking, Stephen (1988), *Historia del Tiempo*, Grijalbo.

Leach, Edmund (1970), *Levi-Strauss*, Fontana, London.

Levi-Strauss, Claude (1965), Le triangle culinaire, *L'Arc*, 26, pp. 19-29.

Simon, Herbert (1996), *The Sciences of the Artificial*, 3rd Ed., The MIT Press, Cambridge, MA.

Thom, René (1985), *Parábolas y Catástrofes*, Editorial Tusquets, Barcelona.

Waddington, Conrad H. (1977), *Tools for Thought*, Paladin, St. Albans, Inglaterra.

Woodcock, Alexander y Davies, Monte (1986), Teoría de Catástrofes, Cátedra, Madrid.

CAPITULO 5

HERRAMIENTAS PARA PENSAR

Este capítulo está basado en el libro de Waddington (1977) y de allí toma su título. Distinguiremos entre perspectivas de cosas y procesos y su importancia para la modelación. A continuación se verán conceptos de formas y simetrías, y posibles estructuras de sistemas.

5.1 INTRODUCCION

Cuando un investigador formula un modelo, sistema o fenómeno, está eligiendo alguna técnica de modelación por encima de otras posibles. Por ejemplo, puede usar ecuaciones diferenciales, pero también podría haber preferido usar sistemas de reglas. La elección de una técnica específica está asociada a diversos aspectos, como

- lo que pretendemos representar (de modo que tiene que haber una hipótesis inicial sobre cómo funciona el sistema),
- los niveles y escalas que se supone que son relevantes (qué ventanas de espacio y tiempo interesan),
- los modelos que conocemos antes de enfrentarnos con éste (nuestra experiencia previa como modeladores),
- si hay (o pueda haber) un cambio cualitativo en el comportamiento del sistema.

Puede haber suposiciones iniciales cruciales, como suponer que hay una población infinita de algo; en ese caso no estaremos hablando de una población real.

5.2 COSAS Y PROCESOS

Una pregunta inicial que podemos hacernos es: ¿Cómo representar una realidad? Las tradiciones de conceptualizar la realidad incluyen fundamentalmente dos vertientes: una supone que el mundo está formado por cosas, mientras que la otra supone que está formada por procesos. Veamos las diferencias.

Cosas

Demócrito consideraba que el mundo consiste fundamentalmente de cosas. Los cambios que notamos en las cosas son secundarios, ocurren lentamente y surgen de la interacción que se produce entre cosas. Prevalece aquí el sentido común, dado que los fundamentos de la comprensión del mundo están en el conocimiento de entidades materiales componentes.

En defensa de esta perspectiva, podemos decir que hay muchos contextos en los cuales la visión de cosas es razonable y se adopta de manera generalizada. Muchas de las cosas con que trabaja un científico no cambian su naturaleza en los lapsos de tiempo en los cuales nos interesa su comportamiento, o bien los cambios son tan lentos que pueden despreciarse sin demasiado perjuicio para la investigación.

También hay aspectos prácticos que pueden favorecer esta perspectiva. Parece más simple considerar "cosas" y enfocarse en los problemas prácticos de identificar cómo interactúan las cosas entre sí. Para el ingeniero práctico, la visión de cosa es crucial.

Procesos

Heráclito consideraba que las cosas que notamos son instantáneas de un proceso y que continuamente se encuentran en proceso de cambio. Según esta perspectiva, las actividades que realiza un sistema son mucho más interesantes que la naturaleza de las sustancias que lo componen. Bajo ciertos niveles de complejidad, un proceso hace que emerjan propiedades nuevas. Puede haber "crecimiento".

Alguna medida del tiempo está presente en la visión de proceso, aunque no necesariamente sea el tiempo-reloj. Los procesos no tienen porqué ser rápidos en el tiempo. Por ejemplo, el proceso de crecimiento de un ser vivo, partiendo de huevos fertilizados y siguiendo un desarrollo que llega a una condición de adulto, demora años. Pero los procesos de evolución de especies se miden en períodos de siglos o milenios.

Hay un rango de fenómenos en los cuales el punto de vista como cosa se debilita y aparecen procesos interesantes. Por ejemplo, en una criatura viviente interesa ver las actividades que desarrolla, cómo se contraen los músculos para producir movimiento. Quizás no interesa demasiado la química asociada a la contracción. En una computadora, interesa considerar qué puede hacer esa computadora y dejar de lado las cosas (componentes) con las que está hecha.

En resumen, no hay una única forma de enfocar los problemas y a veces un mismo científico prefiere tratar con cosas y otros problemas con procesos, dependiendo de muchos factores, algunos de los cuales pueden ser filosóficos y otros de tipo práctico.

Actividad	1	Cosas y procesos
Identifique puntos de vista de "cosa" y de "proceso" en su campo de estudio.		

Reduccionismo

En la actualidad se considera de mayor jerarquía el punto de vista de procesos y se tilda de reduccionistas a los que consideran el mundo como cosas. El reduccionismo puede ser una forma expeditiva de avanzar hacia el conocimiento de cómo se comporta algo en el mundo, pero no es tan eficiente si se trata de hacer avances mayores en nuestra comprensión (como las realizadas por Darwin o Einstein).

Una buena descripción del reduccionismo dice:

"Según Descartes, un problema debía dividirse en porciones más pequeñas para comprenderlo más fácilmente y así poder resolverlo. Todo pensamiento reduccionista debería proceder de lo simple a lo complejo y todos los asertos del mundo debían expresarse en términos no metafísicos: tamaño, forma y movimiento

... Quizás el microscopio confirmaba el método científico de Descates, ya que las disciplinas que generó se basaban en un estudio reduccionista de la estructura, que se podía analizar y volver a reunir como había dicho Descartes, y no en la idea de proceso con la que no se podía hacer lo mismo" (Burke y Ornstein, 2001, pp. 197).

Importancia de la dicotomía "cosas versus procesos" para modelar

El problema de considerar cosas versus procesos es crucial para la modelación, porque conduce a representaciones muy diferentes desde el inicio. Por cierto que esta problemática excede el tema de modelos y tiene que ver con escuelas y tradiciones que se mueven alrededor de una disciplina. Por ejemplo, la visión de cosa en Biología sostiene que las bases de nuestra comprensión del mundo son el conocimiento de las entidades materiales que forman los seres vivos, como los elementos físico-químicos.

Cuando se enfatiza el punto de vista de procesos, pasan a ser cruciales las relaciones entre entidades. Pero los límites entre las entidades deben considerarse en detalle. A veces no se pueden definir claramente entidades y es necesario emplear entidades borrosas, y trabajar con modelos que tengan en cuenta entidades que no pueden distinguirse de manera precisa.

5.3 FORMAS Y SIMETRIAS

Unos de los aspectos más simples en la modelación de la realidad son las formas. En ellas, nada está cambiando y nada se relaciona con otras cosas. Aun así, son difíciles de entender y de describir. Algunas formas tienen un valor especial para nosotros (como el círculo y el cuadrado[1]) o son biológicamente importantes (como las formas de los alimentos, animales, herramientas). Hay que disponer de alguna manera sistemática de representar formas y de identificar de qué manera van cambiando a lo largo de un proceso. Otro aspecto importante es comparar dos formas, para ver si ambas representan las mismas características.

Consideremos la Figura 5.1. Las dos primeras figuras son una representación parcial y completa de una vaca. Cuando solamente contamos con elementos sueltos, es muy difícil reconstruir el objeto completo. Sin embargo, es frecuente que las formas (y la información en general) se nos presenten de manera incompleta y debamos inferir lo que representan a partir de experiencia previa o de información indirecta.

La tercera Figura 5.1 es la usada por Hanson (1958) para ilustrar dos formas de "leer" una figura, como un pato o como un conejo. Se ha enfatizado mucho la posibilidad de hacer una doble lectura de esa forma, y por analogía se ha trasladado esa dificultad a la práctica de la ciencia. Sin embargo, cuando se mira la figura con más detenimiento, ya no se está frente a un pato o a un conejo, sino

---

[1] En la arquitectura medieval, el círculo estaba asociado al poder divino, mientras que el cuadrado se asociaba al poder terrenal. Por eso fue fundamental la introducción de elementos arquitectónicos que permitieran pasar de una cúpula (de planta circular) a una planta cuadrada. Tal transición se dio eficientemente en la iglesia Hagia Sofia de Constantinopla.

frente a una figura que alternativamente es capaz de ser interpretada como un pato o como un conejo.

Figura 5.1 Formas: (a) parcial de una vaca; (b) completa de una vaca; (c) figura de pato o conejo.

(a)

(b)

Figura 5.2. Máscara africana. (a) Inicialmente aparece como sumamente compleja. Sin embargo, cuando identificamos los patrones que se han usado para su composición (b), entonces podemos llevar a cabo una descripción abreviada.

En general, los objetos del mundo tienen formas que son parcial o aproximadamente simétricas. Por ejemplo, para describir hojas de plantas resulta conveniente aprovechar simetrías, aunque solo sean idealizaciones.

Cuando tratamos de describir formas les buscamos simetrías, o sea, partes con propiedades geométricas similares. Llevar a cabo la descripción de la máscara africana de la Figura 5.2.a puede parecer demasiado compleja, pero podemos ayudarnos a través de identificar los patrones de dibujos que se emplearon en su diseño, como los que se muestran en la Figura 5.2.b. Describir formas, entonces, es encontrar patrones a partir de los cuales se puede reconstruir. La reconstrucción misma debe consistir en una serie de instrucciones.

Para visualizar simetrías podemos tomar un elemento que tenga izquierda-derecha, arriba-abajo. Una forma básica simple es considerar un ganchito como el elemento aislado de la Figura 5.3, para ver sus simetrías individuales. Cuando ponemos dos ganchitos juntos podemos ver simetrías entre ellos, como espejo, translación, rotaciones. Con tres ganchitos se aumenta el número de simetrías del conjunto.

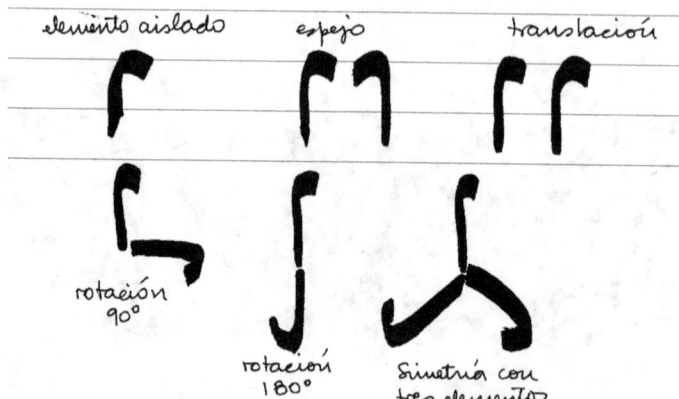

Figura 5.3. Formas simétricas a partir de un ganchito. Hay una cantidad de formas que pueden describirse haciendo referencia a las simetrías que contienen.

Además de simetrías, es importante describir el contorno de algo. Una técnica para hacerlo es mediante círculos que puedan inscribirse en esa figura (Figura 5.4). Existirá una línea que une los centros de los círculos. Esto puede ayudar a seguir los cambios que se producen en una forma.

Figura 5.4. Descripción de formas mediante un eje y círculos.

La idea de simetría en modelos es muy importante y entra en varios aspectos:

- Para describir una <u>entidad</u> o sistema. Es eficiente ver que simetrías se encuentran que permitan reducir el número de instrucciones necesarias para hacer una descripción.
- Para describir la <u>respuesta de esa entidad</u> generalmente se conceptualiza (en la actualidad) de manera gráfica [2].

En el campo de estabilidad, se dice que ocurren "intercambios de simetrías", queriendo decir que un objeto puede tener simetrías en su descripción geométrica y también puede haberlas en su respuesta graficada, que es más abstracta. El intercambio se refiere a perder simetrías en la descripción y ganarlas en la respuesta (Stewart y Golubitsky, 1992). La Figura 5.5 ilustra el proceso en el caso de caída de una gota.

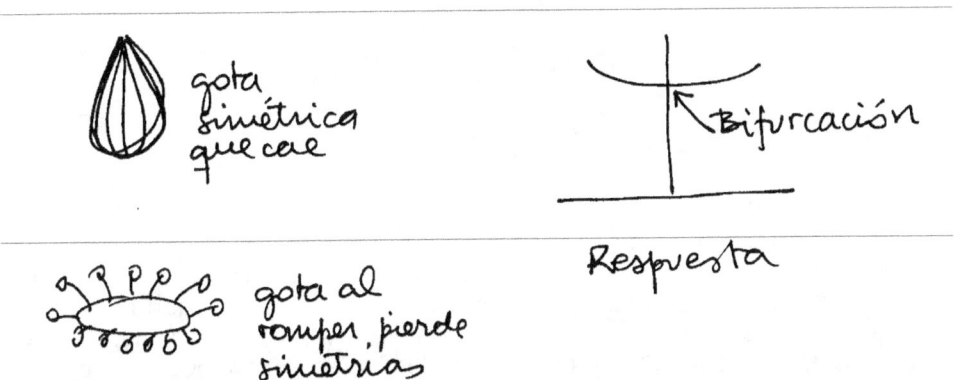

Figura 5.5. Una gota tiene forma simétrica al caer, pero cuando rompe pierde parte de sus simetrías. En el gráfico que representa su respuesta aparece una bifurcación, con dos ramas posibles, lo cual es simétrico.

Actividad	2	Descripción
Considere la máscara de la Figura 5.6. (1) Describa la máscara usando alguna forma de representación. (2) Entregue su descripción a otra persona o grupo, que deberá producir un dibujo basado en su descripción. (3) Comparen la máscara con la representación del paso segundo. Identifique debilidades y fortalezas de la descripción del paso primero.		

5.4 LA ESTRUCTURA DE SISTEMAS

Para estudiar una estructura hay que mirar las interacciones entre los elementos y también evaluar cuáles son interacciones fuertes y débiles. También puede haber interacciones lentas y rápidas. Eso ayuda a simplificar el sistema para hacerlo tratable mediante un modelo.

---

[2] En otros momentos históricos era frecuente el uso de tablas para listar resultados, en lugar de gráficos.

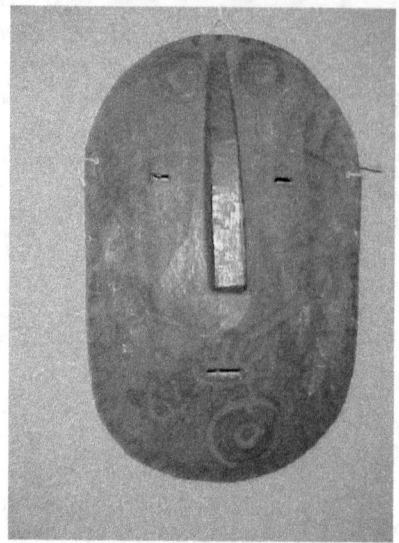

Figura 5.6. Una máscara Huichol.

Interconexión Total

Su lema es: "Todo está relacionado con todo". Como se muestra en la Figura 5.7, todas las relaciones son posibles, en cuyo caso el número de relaciones es enorme. Generalmente aparece en modelos mentales o conceptuales, cuando uno sabe muy poco de un sistema y no pondera las diferencias entre relaciones débiles y fuertes. Prácticamente no hay modelos científicos que usen esta conceptualización.

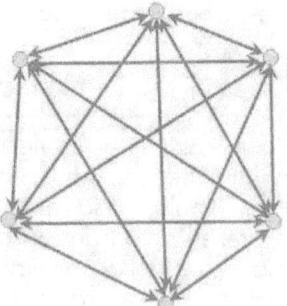

Figura 5.7. Interconexión total.

Estructura Secuencial

Hay un único camino de relaciones y debe ser recorrido sin saltear ninguno de los elementos. En la lineal hay un principio y un fin. Un caso particular es la estructura anular, que tiene secuencia pero no tiene principio ni fin. La estructura triangular es un caso simple de la anular. El cuadrilátero se usa mucho en la conceptualización de los campos de la mecánica.

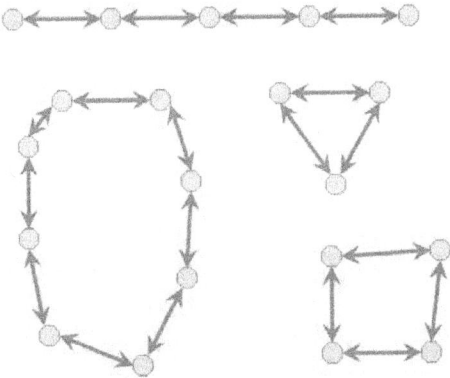

Figura 5.8. Estructuras secuenciales: Lineal, anular, triangular, cuadrilateral.

Estructura Radial

Todos los elementos están conectados con uno central, pero entre ellos hay conexiones a lo sumo de a tres.

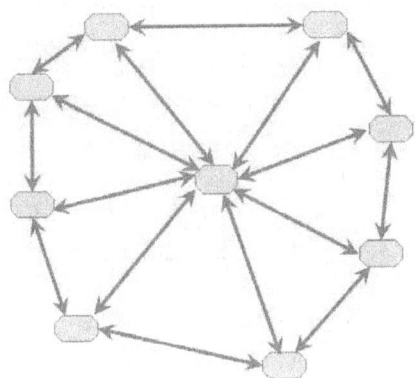

Figura 5.9. Estructura radial.

Estructura Jerárquica

Si separamos el complejo en un número de unidades más elementales, puede que cada unidad tenga pocas relaciones con las restantes. Entonces se puede organizar ese sistema siguiendo una estructura jerárquica. Este tipo de organización tiene sentido cuando las relaciones entre unidades son muy limitadas.

Hay niveles definidos en la estructura y pueden identificarse elementos con mayor jerarquía que otros. Una estructura en red tiene esta forma, como el modelo de navegación de páginas de Internet o los modelos de Roger Shank de entornos simulados que veremos más adelante.

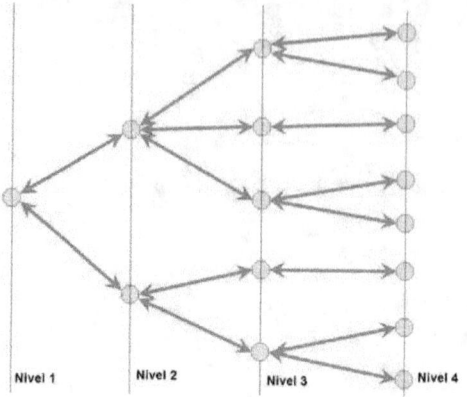

Nivel 1   Nivel 2   Nivel 3   Nivel 4

Figura 5.10. Una estructura en red en un modelo de simulación.

Por ejemplo, en la Figura 5.10 los elementos del nivel 3 se vinculan con los del 2 mediante un solo link, y con varios elementos del nivel 4. A medida que crece el nivel, aumenta el número total de elementos (o agentes, o individuos, o unidades, o entidades). La estructura no quiere (necesariamente) decir que los agentes del nivel 4 tengan un rango inferior a uno que esta en el nivel 2. En organizaciones humanas puede que el nivel 1 sea el jefe mayor, nivel 2 son jefes de división, etc. Pero una estructura de esta forma también sirve para describir sistemas naturales. Modelar de esta forma es una decisión de quien construye el modelo, que puede ser descriptivo o prescriptivo (obligar a los agentes a actuar de esa manera, mantener ese tipo de relaciones).

Estructura Lógica

Se ilustra en la Figura 5.11, y se emplea en lenguajes computacionales. Permite tomar decisiones lógicas, hacer transferencias de comandos. Hay una secuencia. No todo está relacionado entre sí. Hay reglas.

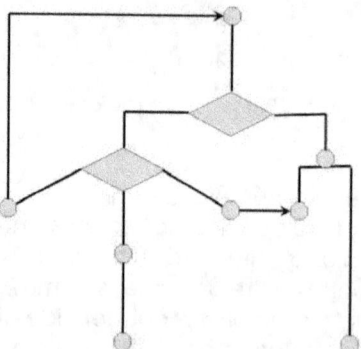

Figura 5.11. Estructura lógica.

Consideremos que un sistema tiene cinco componentes, que llamamos a, b, c, d, e. Hemos logrado medir la fortaleza de las interconexiones entre los elementos y resultan como en la Tabla 5.1. (1) Use una escala de 1 a 5 (donde 5 es la relación de un elemento consigo mismo) para normalizar y simplificar las interacciones. (2) Reordene los componentes para visualizar los vínculos mediante líneas. (3) Haga un diagrama de Venn del sistema. (4) Haga un grafo del sistema, usando el grosor de las líneas que conectan para visualizar la fortaleza de las relaciones. (5) Haga un diagrama en árbol del sistema.

Tabla 5.1

	a	b	c	d	e
a	-	2.0	0.8	4.1	2.9
b	2.0	-	4.1	2.9	1.9
c	0.8	4.1	-	3.1	1.0
d	4.1	2.9	3.1	-	3.9
e	2.9	1.9	1.0	3.9	-

Podemos normalizar la información, de modo que redondeamos los pesos de las relaciones a números enteros en la escala 1-5. Tendremos una tabla de la forma:

	a	b	c	d	e
a	5	2	1	4	3
b	2	5	4	3	2
c	1	4	5	3	1
d	4	3	3	5	4
e	3	2	1	4	5

Una manera de presentar la información es indicar las fortalezas de las relaciones en forma grafica, agregando sucesivamente las fortalezas de nivel 4, 3, 2 y finalmente 1. Esa forma de representación se muestra en la Figura 5.12.

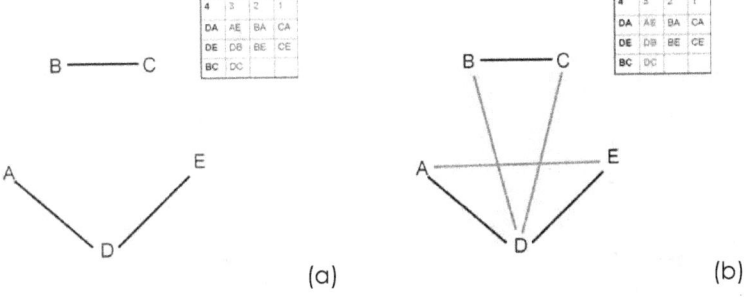

(a)   (b)

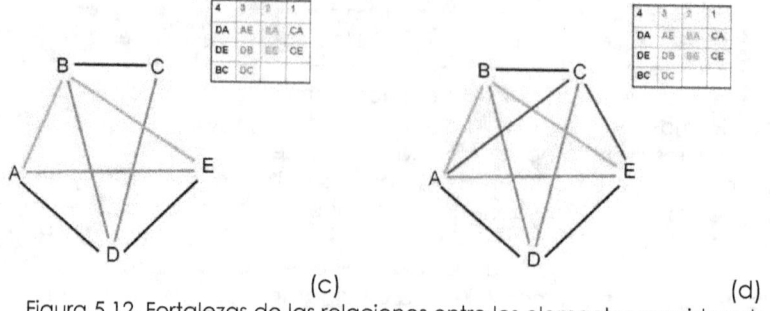

(c)   (d)

Figura 5.12. Fortalezas de las relaciones entre los elementos considerados.

Las relaciones también pueden presentarse mediante grosor de líneas que indican la fortaleza de las relaciones, como se indica en la Figura 5.13.

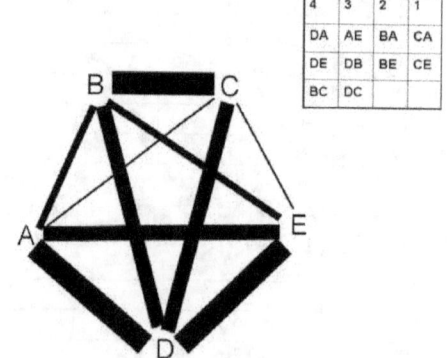

Figura 5.13. Representación del sistema usando grosor de líneas para indicar fortaleza de relaciones.

A continuación mostramos en la Figura 5.14 una representación mediante diagramas de Venn. En cada paso sucesivo, la curva envuelve las fortalezas desnivel considerado o mayor. Sin embargo, no actúan como curvas de nivel porque se cortan en algunos casos.

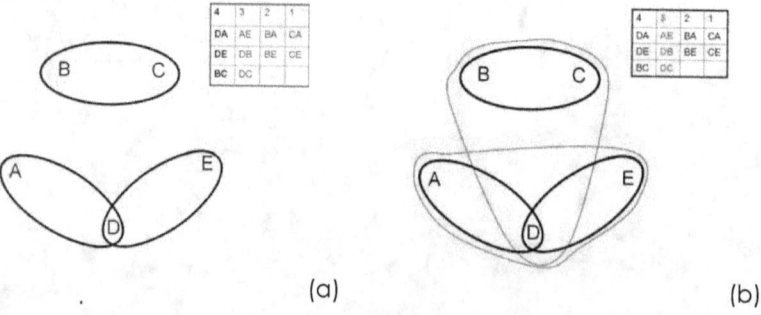

(a)   (b)

63

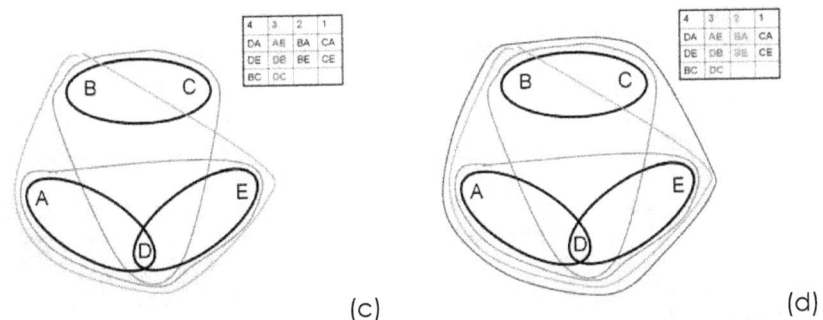

(c)   (d)

Figura 5.14. Representación del sistema usando diagramas de Venn.

REFERENCIAS

Burke, James y Ornstein, Robert (2001), *Del Hacha al Chip*, Planeta, Barcelona. Original en inglés de 1995, Penguin Books, London.

Hanson, N. R. (1958) *Patterns of Discovery: An inquiry into the conceptual foundations of science*, Cambridge University Press.

Stewart, Ian y Golubitsky, Martin (1992), *Fearful Symmetry: Is God a geometer?*, Blackwell, Oxford, Inglaterra.

Waddington, Conrad H. (1977), *Tools for Thought*, Paladin, St. Albans, Inglaterra.

CAPITULO 6
ORGANIZACIONES MEDIANTE SISTEMAS

En este capítulo se explican los lineamientos generales de la Teoría General de Sistemas. Se muestran los tipos de sistemas, en particular sistemas abiertos y cerrados. Se discute la existencia de estructuras subyacentes en el mundo y la postura sistémica/estructuralista. Finalmente se considera la respuesta de modelos y sistemas y los conceptos de estados, equilibrio, trayectorias de equilibrio, estados fuera del equilibrio y estabilidad de estados en equilibrio.

6.1 APRENDIENDO SIN SISTEMAS

En un enfoque analítico se estudian las partes de un problema en gran detalle. Cada parte se estudia desde una disciplina específica. Este enfoque es eficaz cuando las interacciones son débiles, lo cual ocurre en muchos problemas de cualquier campo de estudio.

Siguiendo esta vía, la forma tradicional de enseñanza/aprendizaje incluye la siguiente secuencia:
- Aprender datos
- Comprender significados.
- Aplicar datos a generalizaciones.
- Hacer análisis para descomponer la entidad en sus partes constituyentes.
- Hacer síntesis para ensamblar las partes en un todo

Las dificultades que aparecen cuando se sigue esta vía en un ámbito educativo son que
- Muchos estudiantes no llegan a comprender o aplicar la etapa de síntesis.
- No logran poner el conocimiento en una estructura. Bruner dice que si no se logran patrones estructurados, el estudiante olvida rápidamente lo aprendido.
- Requiere poca participación activa del estudiante.
- Es difícil entusiasmar a los estudiantes siguiendo esa secuencia. Uno vive prometiendo que las cosas ya van a hacer sentido cuando se llegue a la síntesis.

Paradigma a-sistémico

Para contrastar con la visión sistémica, consideremos una visión a-sistémica. Los enunciados básicos (exagerados y ridiculizados, para resaltarlos) presentados por quienes defienden una visión sistémica, serían:
- Una causa produce un efecto. Las cosas ocurren debido a una sola causa. Si es perjudicial, hace falta identificarla y removerla.
- Hay un lugar en el que se pueden tirar las cosas, y allí desaparecen para siempre (como un basurero). Por ejemplo, si generamos un residuo tóxico en un proceso industrial, siempre existirá un basurero en el cual tirarlo.
- El futuro debe predecirse, no elegirse ni crearse.

- Las relaciones entre entidades o componentes son lineales y continuas.
- Las elecciones posibles son eliminatorias y excluyentes (al tipo de "esto o aquello" en lugar de "esto y aquello").
- La respuesta de individuos no hace diferencia en el comportamiento del conjunto.
- El comportamiento de individuos es egoísta.
- Un problema no es serio hasta que no pueda cuantificarse.
- Todo crecimiento es posible. No hay límites al crecimiento.
- La tecnología puede resolver cualquier problema que surja en un proceso. Los problemas de costo, demora o confusión pueden resolverse.
- Sabemos lo que estamos haciendo y estamos en control de la situación.

6.2 SOBRE LA TEORIA GENERAL DE SISTEMAS

Perspectivas Sistémicas

En un enfoque sistémico (que veremos en este capítulo) se integran los elementos dentro de un sistema y se consideran las relaciones y sus dependencias. En general (aunque no siempre), esto conduce a que se tengan que integrar conocimientos provenientes de diferentes disciplinas.

¿Para qué se modela un sistema?
- Para entenderlo mejor.
- Para presentárselo a otra gente y convencerlos de algo.
- Para que otra gente tengo un lugar objetivo sobre el cual pueda realizar modificaciones en base a su propia experiencia.

La idea de sistemas no es nueva, pero ahora se le presta atención porque hay problemas globales complejos a los que nos enfrentamos y que van más allá de los límites tradicionales establecidos entre ciencias naturales y sociales. Un sistema puede ser algo muy simple (como un reloj) o algo muy complejo (como el sistema climático de la Tierra).

No hay una única escuela/teoría de sistemas o una única concepción sistémica; hay muchas y son diversas. Se entrelazan con las escuelas de complejidad. Por oposición, son escuelas que tienen en común oponerse al reduccionismo (que supone que para conocer un objeto de estudio basta con analizar sus partes más simples). A nivel epistemológico se cuestiona que la unificación de la ciencia no ha sido posible mediante la reducción de todas ellas a la física. Defienden que lo que hay en común entre disciplinas es una uniformidad de estructuras. Por esa diversidad de enfoques (a veces conflictivos entre sí), se habla de perspectivas sistémicas.

Paradigma sistémico

La Teoría General de Sistemas (TGS) es general porque no trata de sistemas específicos, sino que examina la idea general o abstracta de sistemas.

Decimos que un agregado teórico o práctico es un sistema cuando
- tiene una estructuración, una organización, una jerarquización
- del conjunto de postulados, verdades, descripciones, hechos, testimonios
- que forman parte de dicho agregado.

La TGS "sugiere la existencia de modelos, principios generales y leyes que se aplican a todos los sistemas, independientemente de la naturaleza de las entidades incorporadas en ellos, del carácter de las fuerzas que actúan en ellos, y del tipo de relaciones que se establecen entre los elementos..." (Ramírez, 1999, pp. 14).

Según Bertalanffy (1968), hay algunos principios que le dan cuerpo a la TGS:

- Principio de equifinalidad. Pueden alcanzarse estados finales idénticos a partir de condiciones iniciales diferentes (y transitando por caminos diferentes).
- Principio de retroalimentación. Existen procesos de autorregulación que garantizan la estabilidad de un sistema. (Por cierto que también hay sistemas que se vuelven inestables, debido a la presencia de retro-alimentación negativa).
- Principio de Teleología. Los sistemas se mueven con una finalidad. La TGS precisa introducir ideas de totalidad, propósito, intencionalidad, etc.
- Principio de organización. Existe organización en todos los niveles.

Algunos enunciados básicos (para contraponerlos al paradigma a-sistémico) son:

- No es necesario suponer una causa por efecto, ni siquiera hace falta suponer causas y efectos.
- El crecimiento puede tener límites mediante retro-alimentación negativa o positiva.
- Los problemas pueden ser serios aunque no podamos medir algunas variables.
- Las relaciones pueden ser no lineales; las variables pueden ser continuas o discretas.
- El sistema puede salirse de control.

Algunos problemas cruciales de la TGS, según Ramírez (1999, pp. 55) son los siguientes:

- El sistema no está "dado" en la realidad, sino que se construye. Surgen varias preguntas: ¿qué es sistema y qué es entorno? ¿Dónde están los límites del sistema? ¿Cómo se recorta la realidad? ¿Cómo es posible que esta distinción entre sistema y entorno se reproduzca, se mantenga, se desarrolle durante una evolución? ¿Qué tipo de operación hace posible que el sistema, al reproducirse, mantenga siempre dicha diferencia? Esto se conoce como Principio de diferenciación.
- Elementos del Sistema. ¿Qué se entiende por elemento? ¿Cuáles están dentro y cuáles se excluyen? ¿Qué criterios se usan para la inclusión?
- Relaciones. ¿Qué tipo de relaciones (o, puesto en forma más general, que tipo de lógica) se usará?

La forma más común de modelación sistémica supone sistemas cerrados, procesos reversibles, estados de equilibrio. Las posibilidades actuales de modelación y de computación permiten tratar sistemas abiertos, procesos reversibles, estados fuera del equilibrio, comportamientos no lineales.

Rolando García es nacido en Argentina, investigador en México. Trabajó con Jean Piaget (con quien es coautor de un libro) y es defensor extremo de una epistemología constructivista. Lea su artículo "Conceptos básicos para el estudio de sistemas complejos" y responda las siguientes preguntas guía:

1. ¿Qué es un sistema global?
2. ¿Qué diferencia hace García entre que una afirmación sea empirista y que sea empírica?
3. ¿Por qué García pone tanto énfasis en especificar cuáles son las formas de conocer que tienen las personas?
4. Explicite brevemente las diferencias entre datos, observables y hechos.
5. Discuta los conceptos de límites de un sistema, sus elementos y su estructura.
6. Presente ejemplos de sistemas en los que haya componentes en más de una escala.
7. ¿Qué diferencias encuentra entre la idea de sistemas usada por García y las usadas en las disciplinas de Análisis de Sistemas o de Ingeniería de Sistemas?
8. Discuta la afirmación: El estudio de la estructura de los sistemas no excluye la historicidad, sino que la explica.
9. ¿Qué son niveles de procesos y niveles de análisis?
10. ¿Qué es un sistema abierto? Ser estacionario, ¿es una característica del sistema o de su respuesta?
11. ¿Qué son situaciones o configuraciones de equilibrio?
12. ¿Cuándo se dice que un sistema es estable?
13. ¿Es posible que cambie la estructura de un sistema debido a su evolución, o la estructura es una propiedad intrínseca inmutable?
14. ¿Qué relación puede establecer entre estudio sistémico e investigación interdisciplinaria?
15. Describa brevemente el sistema estudiado para la introducción del cultivo de sorgo en una región de México. Elabore algún ejemplo suyo.

Actividad	2	Sistemas reversibles e irreversibles

Discutir los conceptos de sistemas reversibles e irreversibles.

Algunas respuestas posibles: Los sistemas reversibles están gobernados por energía. La energía es función del estado del sistema, o sea del valor de los parámetros que controlan el sistema, que en problemas de la física pueden ser presión, volumen, temperatura, etc.

Los sistemas irreversibles precisan que definamos el concepto de entropía. Estos sistemas miden una tendencia hacia el deterioro de la energía. Hay estado final de equilibrio térmico. No cualquier configuración de un sistema termo-dinámico puede caracterizarse como "estado".

6.3 SOBRE LA EXISTENCIA DE ESTRUCTURAS

Hay una gran expectativa en la TGS: que los procesos tengan una estructura[1]. En este enfoque hablamos de la existencia de estructuras en el conocimiento y en el mundo. Pero, ¿por qué tendría que haber una estructura en el mundo? Los estructuralistas y los sistémicos defienden la existencia de una estructura subyacente. Esa estructura, ¿está en el mundo o en la mente de los que lo conceptualizan? ¿Hay varias estructuras posibles? ¿Serían complementarias, o compatibles, o no?

Si pasamos a la filosofía de la ciencia, una de las novedades ocurridas a partir de la década de 1960 ha sido ver las teorías como estructuras, o la estructura del conocimiento, como en los estudios de Thomas Kuhn, Imre Lakatos, y la Nueva Filosofía de la Ciencia, según Brown (1984). A nuestro modo de ver, esto no es tan diferente del estructuralismo de Levi-Strauss (ver Capítulo 4). La identificación de una estructura subyacente ya no parece tan problemático porque se trata de conceptualizaciones hechas por científicos sobre actividades o productos humanos o de la cultura.

Para comprender una cosa o un proceso, es necesario que entendamos acerca de su estructura. Expresar una estructura requiere del uso de un sistema de representación, y darla de manera general requiere del uso de un lenguaje formalizado.

REFERENCIAS

Bertalanffy, Ludwig von (1968), *General Systems Theory: Essays on its foundations and development*, Braziller, New York.

Brown, Harold I. (1984), *La Nueva Filosofía de la Ciencia*, Tecnos, Madrid. Traducción del original en inglés de 1977.

Emery, F. E. (Ed.) (1969), *Systems Thinking*, Penguin Books, Harmondsworth, Middlesex, Inglaterra.

García, Rolando (1986), Conceptos básicos para el estudio de sistemas complejos, en: *Los Problemas del Conocimiento y la Perspectiva Ambiental del Desarrollo*, E. Leff (coord.), Siglo XXI, México, pp. 45-71.

Ramírez, Santiago (1999), *Perspectivas en la Teoría de Sistemas*, Siglo XXI, México.

---

[1] En los enfoques no sistémicos, la expectativa esta puesta en la causalidad.

CAPITULO 7

DINAMICA DE SISTEMAS

7.1 SIMULACIONES

Una vez aprendido el concepto de sistemas en la unidad anterior, trabajaremos aquí con simulaciones basadas en sistemas.

Actividad	1	Lectura en Wikipedia
Lea el artículo sobre "Simulación" en Wikipedia y discútalo en detalle. Proponga cambios en la entrada de Wikipedia en base a las conclusiones de la discusión.		

Conviene distinguir entre:
- Modelos <u>estáticos</u> de simulación. Aquí el tiempo no entra en el modelo, sino que se trata de representar el sistema en un tiempo determinado.
- Modelos <u>dinámicos</u> de simulación. Representan la evolución de un sistema en el tiempo.
- Modelos <u>determinísticos</u> de simulación. Representan el proceso usando variables determinísticas (no introducen ninguna variable aleatoria). La respuesta queda fijada por los datos de entrada. Aun el caos puede ser determinístico.
- Modelos <u>estocásticos</u>. Se supone que el modelo depende de información tratada como aleatoria. Da lugar a una respuesta en términos probabilísticos. Permiten conseguir una estimación de la respuesta de un sistema en lugar de un único valor.
- Simulación de <u>eventos discretos</u>. Las variables solo cambian en determinados valores de tiempo, que son finitos. Un evento es la ocurrencia de un cambio en el sistema. Por ejemplo, la atención de clientes cuando se hace de a uno por vez.
- Modelos de simulación <u>continua</u>. El sistema cambia gradualmente en todo instante de tiempo. Puede originar cambios bruscos en la respuesta. En general, se emplean ecuaciones diferenciales.

7.2 SIMULACIONES MEDIANTE LA DINAMICA DE SISTEMAS

La dinámica de sistemas (DS) es una sub-disciplina dentro de la Teoría General de Sistemas, que se encarga de poner en ejecución al sistema mediante simulaciones, para ver qué ocurre durante la puesta en marcha. Se ocupa de modelar sistemas y de comprender sus comportamientos. El término dinámica se refiere aquí a cambios en el tiempo.

Los inicios de la DS

La DS comenzó como una forma de resolver el problema de una empresa de productos electrónicos de pocos clientes, en la cual había pedidos estables y previsibles. Sin embargo, se encontró que registraba oscilaciones grandes en la línea de producción. Jay W. Forrester inició ese tipo de estudios (conocidos inicialmente como de dinámica industrial) en la década de 1950. En la década de 1960 se extendió a la dinámica urbana y regional. A finales de los 60 el Club de Roma comisionó un estudio sobre los límites del crecimiento usando la dinámica de sistemas, liderado por Donella Meadows (1972). Se estudió el impacto del crecimiento exponencial sobre población, recursos, alimentos, contaminación. El informe tuvo gran repercusión sobre la opinión pública. Luego siguieron extensiones para modelar ecosistemas, poblaciones, contaminantes, para diseñar estrategias, para defensa de una nación.

Las actividades de investigación en dinámica de sistema surgieron y se concentraron en MIT [1]. Hay empresas que se dedican exclusivamente a la modelación sistémica [2]. Como ejemplo de aplicaciones, trabajaron para MasterCard tratando de desarrollarle una identidad propia para que el público la distinguiera de Visa. Desarrollaron el sistema de emisión de tarjetas de crédito en conjunción con las asociaciones profesionales (como ASCE + MasterCard) en el cual modelaron la actitud de la gente, de los negocios que deben aceptar la tarjeta, de los bancos (que pierden dinero), de la institución (como ASCE, que gana en visibilidad). La innovación produjo un aumento espectacular en el mercado, del 35 al 45%.

El presente de la DS

En la actualidad, el enfoque de la DS tiene una gran difusión. Por ejemplo, se usa para modelar

- El proceso de desarrollo de productos nuevos.
- La difusión de productos en el área de gerenciamiento de innovaciones tecnológicas.
- El proceso de innovación, con el fin de ayudar a la toma de decisiones y simular el gerenciamiento.
- Beneficios y riesgos de la reestructuración del sistema de mantenimiento del metro (subterráneo) de Londres [3].
- Control y planificación de proyectos de ingeniería civil por sistema "design-build".
- Modelos genéticos de selección natural y mutación.

En principio, podemos decir que para la DS, un sistema es una entidad formada por componentes y sus interacciones. Puede haber variables y flujos; las interacciones entre variables pueden incluir retroalimentaciones positivas o negativas.

Para representar un sistema se usa un modelo del sistema. Ese modelo permite obtener procesos, o sea la evolución del sistema en el tiempo. Las relaciones que se establecen para representar interacciones pueden ser cuantitativas o cualitativas. El enfoque de la DS es sumamente interesante cuando algunas de las variables pueden definirse de manera rigurosa y otras son cualitativas. Esto aparece en sistemas biológicos, naturales, ambientales y sociales.

---

[1] Roberts es profesor en la Sloane School of Management de MIT. El Prof. Jim Hines viene de Pugh-Roberts. Alan Graham siguió el camino inverso: doctorado en ingeniería electrónica de MIT, fue profesor asistente en MIT, escribió un libro sobre dinámica de sistemas, pero dejó la academia porque no le aceptaban ese tipo de investigación para su carrera universitaria.

[2] Como Pugh-Roberts y Asociados, de Cambridge, Massachussets.

[3] El estudio fue llevado a cabo por Alan K. Gram.

Se modela mediante DS cuando
- Se quiere predecir el futuro.
- Se necesita comprender el funcionamiento de un sistema para modificarlo.
- Se quieren reconstruir situaciones del pasado, usando la evidencia que ha quedado y una comprensión del comportamiento actual del sistema. Hay que hacer hipótesis sobre las condiciones iniciales del problema.
- Se precisa conocer la sensibilidad de un sistema. Se evalúa la respuesta del sistema cuando se modifican sus parámetros o variables. Inclusive, podemos llevar el sistema a condiciones límites para poner en evidencia respuestas que no pueden anticiparse.

La DS se ha aplicado en estudio de corporaciones, medicina interna, pescadería, psiquiatría, energía, comportamiento económico, crecimiento y decaimiento urbano, entrenamiento gerencial, educación primaria, secundaria y superior. En clases de inglés se ha usado para analizar las motivaciones de Hamlet para vengar la muerte de su padre. En MIT se desarrolló en 1970 un modelo de crecimiento de la población y de la economía del planeta.

Actividad	2	Lectura de Hannon

Lea y discuta el artículo: "Modelación dinámica en la universidad moderna: un tercer pilar educativo", por Bruce Hannon. El artículo se encuentra como apéndice a este capítulo.

7.3 ANALISIS DE UN JUEGO QUE USA LA DINAMICA DE SISTEMAS

Actividad	3	SimCity

SimCity es un software de entretenimiento producido por la empresa Maxis de California. (1) Describa el juego desde la perspectiva de la dinámica de sistemas. (2) Identifique las componentes de la dinámica de sistemas en SimCity. (3) Describa de qué manera podría utilizarse SimCiti en un ambiente escolar como herramienta de aprendizaje.

SimCity es un juego de simulación de la planificación de una ciudad, usando metodología de dinámica de sistemas. En el juego se define geográficamente un ambiente en el que se desarrollará una ciudad, dividida en áreas residencial, industrial y comercial.
- Los stocks que se emplean son poblaciones residenciales, industriales, comerciales; polución, tráfico, criminalidad, energía generada, dinero disponible, etc.
- Los flujos que se manejan son construcción (de carreteras, trenes, aeropuertos, puertos, estaciones de policía, bomberos, plantas de energía, etc.), destrucción (de bosques, espacios verdes, construcciones existentes, etc.), cobro de impuestos, gastos, nacimientos, muertes, desastres naturales, etc.

- Los <u>conversores</u> que se calculan para cada tiempo son opinión pública (satisfacción de los habitantes), tasas (de nacimientos, de mortalidad, de impuestos), disponibilidad de trabajo, calidad de vida, espacio (industrial, residencial, comercial, de esparcimiento), desempleo, etc.
- Nótese que el mercado externo (como las condiciones económicas que existen fuera de la ciudad) no pueden ser controladas o modificadas por el usuario. Los desastres naturales también quedan fuera de control y pueden producirse en cualquier momento. Sin embargo, el mercado interno está controlado por las condiciones de la ciudad.
- La simulación usa fórmulas simples para actualizar las variables. Por ejemplo, Impuesto = Tasa impositiva x Valor de la tierra x Población x Constante. Presupuesto = Impuestos – Gastos.

REFERENCIAS

Aracil, Javier y Gordillo, Francisco (1997), *Dinámica de Sistemas*, Alianza, Madrid.

Hannon, Bruce (2003), Modelación Dinámica en la Universidad Moderna: Un tercer pilar educativo, Conferencia LS-AMP, Ponce, Puerto Rico.

Hannon, Bruce y Ruth, Matthias (2001), *Dynamic Modelling*, Springer Verlag, New York.

Meadows, Donella H., Meadows, Dennis L., Randers, Jorgen y Behrens, William W. III (1972), *The Limits to Growth*, Universe Books, New York.

APENDICE: MODELACION DINAMICA EN LA UNIVERSIDAD MODERNA: UN TERCER PILAR EDUCATIVO [4]

Bruce Hannon. Jubilee Professor, University of Illinois, Urbana, Illinois

INTRODUCCION

La construcción de modelos es crucial en nuestra comprensión de fenómenos del mundo real. Todos creamos modelos mentales del mundo que nos rodea, separando nuestras observaciones entre causas y efectos. Estos modelos mentales nos permiten, por ejemplo, cruzar con éxito una calle muy transitada. Los ingenieros, biólogos y científicos sociales simplemente ponen sus observaciones de manera formal. Con el advenimiento de las computadoras personales y la programación gráfica, todos podemos crear modelos más complejos de los fenómenos en el mundo alrededor nuestro. Como ha señalado Hanz Pagels (1998), el proceso de modelación computacional es a la mente lo que el telescopio y el microscopio son al ojo. Podemos modelar los resultados macroscópicos de fenómenos micro, y viceversa. Podemos simular los diversos futuros posibles de un proceso dinámico. Podemos comenzar a explicar y quizás aun a predecir.

Frecuentemente, los fenómenos que ocurren en el mundo real son multifacéticos, inter-relacionados y difíciles de entender. Para manejarse con esos fenómenos, nos abstraemos de detalles e intentamos concentrarnos en el panorama más amplio – un conjunto particular de características del mundo real o de la estructura que subyace el proceso que lleva a los resultados observados. Los modelos son tales abstracciones de la realidad. Los modelos nos obligan a enfrentar

---

[4] Este trabajo fue presentado por el autor en la Conferencia LS-AMP, Ponce, Puerto Rico, 2003. Traducido al Español por Luis A. Godoy en 2008.

los resultados de las suposiciones estructurales y dinámicas que hacemos en nuestras abstracciones.

El proceso de construcción de un modelo puede ser bastante complicado. Sin embargo, se puede identificar un conjunto de procedimientos generales que se siguen con frecuencia. Los eventos reales estimulan nuestra curiosidad acerca de un fenómeno particular. Esta curiosidad puede traducirse en preguntas o conjunto de preguntas acerca de los eventos observados y del proceso que trajo esos eventos. Pueden identificarse algunos elementos clave de procesos y observaciones para formar una versión abstracta de los eventos reales. En particular, podemos querer identificar variables que describen esos eventos, y delinear las relaciones entre variables, estableciendo así la estructura del modelo. Basado en la respuesta y los resultados de operar (o "correr") el modelo, podemos derivar conclusiones y proveer predicciones acerca de eventos que aun no se han experimentado u observado. A su vez, estas predicciones u observaciones pueden compararse con eventos reales y pueden conducir a la falsación de un modelo, su aceptación o, lo más probable, su revisión. Cuando cruzamos una calle transitada, hacemos una estimación del ancho de la calle, el número y velocidad de los autos que se acercan y de nuestra propia velocidad. Podemos abstraernos de detalles como el color de los autos o las especies de pájaros en los árboles a cada lado de la calle. Una vez realizadas nuestras observaciones o estimaciones, y nuestras abstracciones, relacionamos las diferentes piezas de información entre sí para desarrollar un modelo. Antes de cruzar la calle, "ejecutamos" el modelo en nuestra mente, consideramos el resultado y decidimos si tenemos buena chance de llegar sanos y salvos al otro lado. Si lo logramos, probablemente usaremos este modelo otras veces. Si no lo logramos pero tenemos la suerte suficiente, revisaremos el modelo y usaremos la versión revisada para nuestra próxima decisión. Quizás los pájaros en los árboles del otro lado de la calle son aves de rapiña y deberíamos haber usado esa información como un signo que éste es un lugar especialmente peligroso para cruzar. Deberíamos haber sido más precisos en la estimación de velocidades de los autos o en el ancho de la calle. La modelación es un proceso que nunca acaba: construimos, revisamos, comparamos y cambiamos los modelos. En cada ciclo mejora nuestra comprensión de la realidad.

¿POR QUE MODELAR?

A lo largo de mi extensa carrera como modelador y maestro de modelación, encuentro que además de definir el proceso de modelación y explicar el proceso mental y sus extensiones basadas en computadoras, precisamos justificar la modelación al estudiante. Modelar demanda un conjunto de destrezas combinadas con experiencias que requieren de un gran esfuerzo para adquirirlas. ¿Por qué deberían interesarse los estudiantes en hacer algo así y cómo podemos hacer para interesarlos?

A través de comentarios de muchos muy buenos modeladores, he compilado una lista de razones para aprender a modelar y quiero discutirlas aquí. Ustedes son ingenieros y científicos, y saben las razones por las cuales usan modelos. Pero nuestros estudiantes y nuestros potenciales estudiantes no lo saben.

Aquí va una lista que debería cubrir todas las posibles razones para motivar sus estudiantes. En primer lugar, les digo que el conocimiento es poder, y que el conocimiento se adquiere mediante modelos. Al parecer, ellos ya entienden esto vagamente. Pero trato de llamar la atención a lo que creo que son sus instintos primarios. En segundo lugar, les digo que mientras que la modelación requería antes de un conocimiento de matemáticas y de programación, eso ya no es cierto en la actualidad. Aunque ese conocimiento es útil (acelera el ritmo de aprendizaje), no es ya necesario. El software como STELLA, PROSIM o VENSIM acoplado a la profusión de computadoras personales, coloca la modelación al alcance de cada estudiante universitario. No se precisan cursos de programación o de solución de ecuaciones diferenciales. En tercer lugar, les digo que los procesos no lineales y dinámicos del mundo real, no solo que son demasiado complejos para ser resueltos con herramientas analíticas, sino que son demasiado complejos para ser completamente entendidos por una persona. El proceso de modelación moderno es necesariamente comunitario y las destrezas del modelador están en escoger la gente correcta para un proceso de modelación en grupo y en lograr que esa gente divulgue su conocimiento personal apropiado, y en convencerlos que el modelo ha capturado de manera precisa su contribución.

Les digo detalladamente que cada modelador precisa ayuda en manejar los diversos atributos generales de cualquier proceso dinámico debido a (1) Incertidumbres, retro-alimentaciones y lagunas, (2) La dinámica humana de la toma grupal de decisiones, (3) La dificultad general de aprendizaje (tareas auténticas, aprendizaje cognitivo).

Todos los modelos dinámicos tienen incertidumbres, retro-alimentación y lagunas. Los modelos contienen incertidumbres por varios motivos: Rara vez conocemos lo suficiente acerca de los parámetros en un modelo para usar un único valor para cada uno de ellos. Por lo menos debemos suponer una distribución aleatoria alrededor del número que suponemos para cada parámetro y determinar el impacto de esa variación sobre las variables clave en el modelo. Probablemente se encontrará que algunas variaciones producirán un cambio pequeño mientras que otras mostraran cambios profundos. Entonces deberemos o rehacer la estructura del modelo para eliminar esa sensibilidad o emplear esfuerzos de investigación para estrechar la variación de esos parámetros sensibles. Algunas veces podemos representar variables que son entradas en el sistema bajo estudio mediante un descriptor aleatorio (como la variación de la temperatura diaria en un modelo de crecimiento de plantas o la variación de la lluvia en un modelo hidrológico).

Las componentes de cualquier sistema interactúan entre ellas. Esa interacción entre componentes de un sistema está presente en la forma de procesos de retro-alimentación (del inglés "feed-back"). Se dice que los procesos de retro-alimentación ocurren si los cambios en la componente de un sistema inician cambios en otras componentes que, a su vez, afectan la componente que originalmente estimuló el cambio. Existe retro-alimentación negativa si el cambio en una componente conduce a una respuesta en otras componentes que actúan en contra del cambio original. Por ejemplo, el aumento en la densidad de una especie de presas conduce a un aumento en la densidad de predadores, que a su vez reduce la densidad de las presas. De forma análoga, estamos en presencia de retro-alimentación positiva si el cambio en una componente del sistema conduce a cambios en otras componentes que a su vez refuerzan el cambio original. Por ejemplo, si la válvula de un calentador es defectuosa puede no abrirse de forma adecuada cuando aumenta la presión del vapor dentro del calentador. Si la válvula queda trabada más firme cuando aumenta la presión, la presión aumentará más, de manera que se restringirá aun más la apertura de la válvula. Los resultados pueden ser que el calentador finalmente explote. Cuando está fuera de control, la retro-alimentación positiva resulta en una dinámica explosiva. El difunto calentador es un buen ejemplo y otro ejemplo es el caso de la explosión de la población.

Los procesos de retro-alimentación negativa tienden a balancear cualquier desviación y lleva el sistema hacia un estado en régimen. Un estado posible en régimen para la interacción de poblaciones de predadores y presas sería que a la larga, el tamaño de cada población se estabilice. Esta dinámica estabilizadora está en contraste con los procesos de retro-alimentación positiva que tienden a amplificar cualquier perturbación, llevando al sistema fuera del equilibrio.

De manera típica, los sistemas exhiben tanto procesos de retroalimentación positiva como negativa que tienen fortalezas diferentes y variadas. Variaciones en los procesos de retro-alimentación pueden surgir de relaciones nolineales. Tales relaciones nolineales se presentan si una variable de control no depende de otras variables en forma lineal sino que cambia, por ejemplo, con la raíz cuadrada de alguna otra variable. Como resultado de procesos nolineales de retroalimentación, los sistemas pueden presentar comportamiento dinámico complejo.

Una vez que ocurre un estímulo en un sistema, la respuesta del sistema puede no ser instantánea. Por el contrario, puede haber un lapso de tiempo entre el estímulo y la respuesta. En algunos casos, el lapso es bastante bien conocido. Por ejemplo, un corte de electricidad durante el invierno en el Noreste de Estados Unidos esta típicamente seguido de un incremento en el número de nacimientos 9 meses después. De qué manera el corte de electricidad se traslada en demanda para aulas de clase o edificios de escuelas seis años más tarde cuando los niños llegan a edad escolar es menos obvio y depende de un gran número de factores, tales como el comportamiento migratorio de familias, disponibilidad de maestros y disponibilidad de fondos públicos.

A menudo la gente no comprende el comportamiento de sistemas con lapsos y tienen una falta de habilidad crónica para controlar ese comportamiento tanto en relación a sistemas creados por humanos como a sistemas naturales. Cuanto menos atrincherados estén esos sistemas y menos tiempo hayan operado, resulta más fácil y menos costoso cambiarlos. Cambiar el suministro eléctrico para un nuevo desarrollo residencial puede ser relativamente directo, pero cambiar la dependencia de un país de los recursos petrolíferos es extremadamente difícil: involucra cambios en la infraestructura completa que da apoyo a nuestro estilo de vida actual, que va de refinerías de petróleo y generación de potencia a manufactura de automóviles y transporte público. Quitar cloro-fluoro-carbones requiere comprender sus efectos sobre la capa de ozono de la estratosfera, como así también de los lapsos relacionados con su liberación y los daños al ambiente. Comprender y manejar emisiones de carbono a través de una economía basada en combustibles fósiles y el ecosistema global requiere comprender múltiples sistemas, interdependientes y con lapsos. Aun así, para el momento en que se hayan reducido la ignorancia de los impactos ambientales, a menudo es muy costoso y difícil influenciar el comportamiento del sistema.

Los modeladores de sistemas prestan especial atención a nolinealidades y lapsos en sus modelos. A través de su vida, ellos tratan de afilar su percepción de las nolinealidades y otras características de sistemas, y mejoran sus destrezas para representarlos. La elocuencia de sus modelos inspira a otros modeladores y abre nuestros ojos para ver el mundo de una manera nueva.

Muchas de las decisiones que enfrenta la sociedad también requieren que sus miembros sean efectivos en compartir su información y conocimiento con otros: que comuniquen sus suposiciones sobre el comportamiento de sistemas y que identifiquen la posible respuesta del sistema bajo suposiciones alternativas. Un enfoque de la toma de decisiones de manera social sería identificar un grupo de expertos y pedirles asesoramiento. Esto es típicamente lo que se hace en toma de decisiones gerenciales, donde se traen consultores para buscar soluciones a problemas, y en toma de decisiones de política, donde se comisionan estudios para mapear el comportamiento probable de un sistema social, económico, tecnológico o ambiental. En cualquier caso, los expertos son quienes definen el problema, de manera que pueda ser atendido con su experiencia en resolución de problemas. Una vez que ellos han caracterizado el problema, dan recomendaciones sobre cómo enfrentarlo.

Si se pregunta a diferentes grupos de expertos, ellos pueden mirar el problema de forma diferente y pueden llegar a soluciones diferentes. Después de todo, el desacuerdo entre perspectivas elegidas de manera estrecha sobre un sistema complejo es probable que resulte de la complejidad misma. Pero una vez que los expertos entran en desacuerdo, la pregunta ¿Qué debería hacer? cambia a la pregunta ¿A qué experto debería creerle? Y a menudo esta nueva pregunta es tan difícil de responder como la primera.

Por cierto, uno podría agregar capas a este proceso (como tener ayuda de consejeros para la toma de decisiones o con la selección de expertos). Obviamente, esto no resolvería su problema sino que lo movería a un nivel diferente en la jerarquía de toma de decisiones.

El asesoramiento sobre el cual los expertos basan sus juicios se deriva típicamente de modelos de los sistemas respectivos. Los consultores desarrollan bases de datos y herramientas de simulación para ayudar a la toma de decisión de la gerencia. En algunos casos, la gente que los usa no hace más que modificar o combinar [un modelo] para proveer una respuesta a una pregunta específica, pero no los ha desarrollado desde cero. Notando cuánto dependen de los modelos, usted puede tentarse y no pedirles a los expertos la respuesta que generarán con modelos, sino pedir que le den sus modelos de manera que usted pueda formarse sus propias opiniones.

Los sistemas expertos, los juegos de simulación y los laboratorios de aprendizaje son tres ejemplos de modelos ambientales producidos por consultores y científicos para darles a los decisores la habilidad de representar las consecuencias de acciones alternativas en escenarios de prueba. Aunque esas herramientas de apoyo a decisiones están un paso más adelante en dar poder a los decisores, todavía están basados en la comprensión que un experto de fuera traiga al problema, en lugar de basarse en el conocimiento de la gente que está directamente involucrada. La pregunta ¿Qué debo hacer? ahora cambia a ¿Qué hace el modelo? El problema no es si creer las respuestas del experto, sino si creerle las suposiciones que coloca en sus modelos. Y obviamente todos podemos encontrar fallas en sus suposiciones y así quitarle validez al modelo.

Otra estrategia es recorrer todo el camino y que usted desarrolle modelos computacionales para atender los problemas específicos que le toca enfrentar. La respuesta común de los decisores es que modelos para propósitos específicos desarrollados en casa serían demasiado costosos y consumirían tiempo, y que no hay garantía que al final el modelo sea una herramienta de decisión mejor que la desarrollada por expertos externos. Pero eso no tiene por qué ser así. En la actualidad hay métodos poderosos y herramientas computacionales de modelación disponibles que permiten virtualmente a cualquiera desarrollar modelos dinámicos de sistemas complejos, para comunicar de manera efectiva las distintas suposiciones a las partes interesadas, tales como decisores, científicos y otros expertos, y el público. Usted aprenderá esos métodos y herramientas a medida que trabaja [3] y los usará para desarrollar modelos con quienes tienen un problema para resolver. Trabajará con ellos, les ayudará a identificar las preguntas que deben responderse mediante procesos de modelos, les ayudará a llegar a una solución confortable, les ayudará a formular nuevas preguntas acerca de su sistema. De esta manera, aprenderá mucho de otros y ayudará a que la gente llegue a ser modeladores, en lugar de usuarios escépticos de modelos desarrollados para ellos, modelos cuya construcción es un misterio y modelos que no comprenden completamente o en los que no creen.

Además de ayudar que la gente maneje incertidumbres, retro-alimentaciones, lapsos y decisiones de grupo, el desarrollo de modelos formales y computacionales provee tareas auténticas que intelectualmente son desafiantes y que dan satisfacción. A través del intercambio de modelos entre modeladores, el proceso de aprendizaje pasa a ser un aprendizaje cognitivo en el cual todos los miembros del grupo de modelación pueden aprender de otros. La autenticidad de la tarea y habilidad de que el estudiante aprenda de un modelador experto ayudan a superar las dificultades que enfrentan los estudiantes en llegar a ser modeladores desarrollados.

La modelación computacional pasa a ser dinámica no solo cuando se captura la retro-alimentación entre componentes del sistema a través del tiempo, sino cuando el desarrollo del modelo se basa en el intercambio dinámico de datos e información entre un grupo de desarrolladores y usuarios de modelos. El pluralismo es también un ingrediente importante para la utilidad de los modelos en generar nuevos conocimientos y en proveer apoyo a decisiones. Generalmente las soluciones que los expertos externos traen al problema no promueven o mantienen el pluralismo de perspectivas.

Los beneficios que esto trae aparejado son:

- Resalta las discontinuidades en la comprensión de procesos en la organización (permite la identificación de los parámetros más importantes del sistema).
- Revela la respuesta "normal" del sistema.
- Permite probar escenarios posibles (permite experimentar).
- Provee resultados cuantitativos.
- Facilita la comunicación de resultados mediante resultados y estructura del modelo (Provee un marco de referencia común, analógico).
- Provee una memoria al sistema.
- Encuentra posibles propiedades emergentes de un sistema.
- Facilita la formación de una jerarquía dinámica de exploración dentro del grupo (Provee incentivos para seguir modelando en la organización).

El proceso y producto del modelado dinámico pueden ayudar a una organización o una sociedad a resaltar las discontinuidades que hay en la comprensión de sus procesos, y ayudar a identificar los parámetros más importantes en un sistema. A medida que se desarrollan, los modelos proveen un registro de la comprensión existente. Cuando se ejecutan, los modelos revelan el comportamiento "normal" de un sistema donde no ocurre interferencia, y pueden revelar propiedades emergentes del sistema. Podemos ver dinámica suave, o quizás una transición errática de un tipo de dinámica a otro. Ese conocimiento es útil para ayudarnos a tomar decisiones. Por ejemplo, interferencia en un sistema con la intención de suavizar transiciones rápidas pueden exacerbar la dinámica, conduciendo a subidas y bajadas más pronunciadas de las líneas punteadas. Conocer lo que es normal para un sistema puede ayudarlo a mantener la calma y puede incluso significar que deje al sistema solo; después de todo, usted sabe que pronto regresará de ese comportamiento extremo. Sin embargo, si los cambios erráticos en la dinámica de un sistema son inaceptables, podemos usar el modelo para jugar con escenarios alternativos del tipo "qué pasa si" con el fin de encontrar esos controles que suavizan los picos.

Quizás haya un conjunto de controles que hagan que el modelo se comporte erráticamente y otro conjunto que lo haga comportar más suavemente. Es fácil jugar con los controles del modelo y las consecuencias son menos costosas que jugar con los controles en el sistema real. Por eso entrenamos a los pilotos en simuladores de vuelo. Pero aun no hemos hecho eso para la gente que toma decisiones acerca del curso de sistemas ecológicos, sociales y económicos.

El hecho que el modelo pueda ser sensible a un conjunto de hipótesis más que a otro puede explotarse para propósitos de recopilación de datos. Si hay algún conjunto de suposiciones para las cuales la dinámica es muy sensible, querremos coleccionar más información para esa parte del modelo que usa las suposiciones respectivas. Si el modelo no cambia mucho si una de sus partes usa suposiciones diferentes, entonces quizás no queramos gastar nuestro tiempo y esfuerzo refinando más esa parte. Desafortunadamente, muchos de los datos se colectan regularmente antes de saber si realmente los necesitamos. Algunos de esos datos son muy costosos de recolectar y en definitiva terminan usándose en el modelo, pero a veces una buena estimación habría sido igualmente satisfactoria.

El modelo facilita no solo una mirada al comportamiento probable del sistema generando resultados cuantitativos. El aprendizaje y la comunicación también se facilitan a través de la estructura misma del modelo: mientras el arte de la Modelación Dinámica requiere que uno sea habilidoso en identificar las componentes del sistema y sus interacciones, la técnica de Modelación Dinámica precisa de un plan maestro para el desarrollo de la estructura del modelo (no los detalles, pero el esquema de las componentes del modelo). A medida que aumenta la experiencia en construir modelos para una gran variedad de problemas, las similitudes entre la estructura de sistemas puede pasar a ser evidente para los modeladores. Cuanto más interdisciplinarios sea el enfoque de modelación, más probable es que el conocimiento de diferentes disciplinas sea traído en apoyo del desarrollo del plan maestro según el cual se diseñe un modelo.

Por ejemplo, se han desarrollado modelos muy exitosos de avance de enfermedades usando analogías de la química. En una reacción química, dos reactivos pueden reaccionar entre sí para formar un producto. De manera similar, los individuos en una población que tiene una enfermedad "reaccionan" con individuos que son susceptibles a la enfermedad y generan un "producto" (individuos enfermos). Los principios que pueden usarse para modelar y comprender las reacciones químicas pueden, por analogía, usarse para comprender el avance de una enfermedad. Usando analogías de manera efectiva puede reducir significativamente el esfuerzo necesario para desarrollar modelos.

Si la Necesidad es la madre de la invención, la Analogía es el padre. La formación de analogías es una forma de tratar con complejidades. Una gran cantidad de comprensión de sistemas que no se entienden bien se genera aprendiendo algo de la estructura o comportamiento de un sistema que se entiende bien. La generación de analogías nos obliga a elegir entre perspectivas diferentes de sistemas. Identificamos la estructura de un problema y la comparamos con la estructura de otro problema. Notamos las similitudes y diferencias. Dejamos abiertas las suposiciones que hacen que la analogía trabaje y contrastamos las visiones generadas sobre un sistema con los hallazgos de los procesos que gobiernan el otro sistema. Las similitudes entre sistemas generan un conjunto de visones profundas, mientras que las disimilitudes conducen a la adopción de una perspectiva deferente pero complementaria y ayudan a acotar la complejidad.

La analogía es diferente de la identidad en el sentido que puede haber aspectos idénticos pero diferentes sub-estructuras. El arte de la analogía es darse cuenta qué abstracciones son importantes para responder a una pregunta en particular y cuales sub-estructuras pueden no ser consideradas sin perjuicio. Sin embargo, la creación de conocimiento a través de analogías no está basada solo en la abstracción y el posterior reconocimiento de similitudes. Por el contrario, el verdadero conocimiento proviene de reconocer la falta de similitudes junto con las semejanzas.

Capturar experiencia es otro beneficio de modelar. Todos aquellos consultores que informan acerca de los vericuetos del funcionamiento de una organización encontrarán que su trabajo queda perdido a menos que lo almacenen en un modelo. El modelo puede estar en la memoria de quienes operan el sistema o puede ser un modelo formal del sistema. Este último es un enfoque más permanente y más fácil de expandir. Capturar el conocimiento de la gente que opera exitosamente el sistema es un asunto más delicado. Aquellos que manejan un sistema exitosamente a veces temen que su utilidad se pierda si su conocimiento se entrega a un modelo. En realidad, aquellos cuyo conocimiento es verdaderamente valioso capturar, son los que en algunos aspectos importantes están destinados a manejar partes más grandes del sistema completo. Eventualmente, todos aquellos dentro del sistema se jubilan y se llevan consigo su conocimiento. Mejor sería capturar lo más posible antes de que se vayan. Gente nueva llega para manejar el sistema y carecen de experiencia significativa para llevar adelante esa misión de manera efectiva. Un modelo de referencia del sistema puede ser sumamente útil como herramienta de aprendizaje.

El descubrimiento de resultados inesperados es una de las partes más disfrutables de modelar. Primero se desarrolla y calibra el modelo con resultados conocidos y después se lleva a nuevos regímenes operativos. Por ejemplo, en uno de nuestros modelos dinámicos grandes de asentamiento urbano, comparamos patrones de desarrollo de una ciudad grande con y sin el agregado de un vínculo con una carretera interestatal mayor, una propuesta de proyecto de un billón de dólares. La presencia de la carretera causó un desarrollo mayor al otro lado de la ciudad por razones que solo fueron evidentes con posterioridad. En ese mismo modelo de proyecto, el escenario con y sin controles en el desarrollo de subdivisiones pequeñas aisladas en áreas rurales mostró que eliminar esos desarrollos rurales hizo que la ciudad creciera de manera más compacta. Sin embargo, los controles condujeron a desarrollos que, si bien eran más compactos, ocurrían en tierras ecológicamente muy sensibles. Los planificadores se dieron cuenta nuevamente que no podían hacer solo una cosa para controlar los asentamientos.

Como consultor de modelación, he visto empresas adoptar modelos, al principio en pequeña escala pero, debido a la continua presión desde dentro de la organización, la modelación llegó a ser parte integral de su operativa. Aquellos que favorecían la modelación señalarían (juiciosamente) cómo la última estrategia muy probablemente podría y habría ido muy mal. Les dieron un buen bochorno a los planificadores y ahora esa misma gente controla sus planes con un personal de modelación para asegurarse que se clarifica cada aspecto sanitario particular. Ahora la modelación es parte de su cultura.

INGENIEROS Y CIENTIFICOS EN SU ROL MODELANDO EN LA EDUCACION

Tengo un doctorado en Ingeniería Mecánica de la Universidad de Illinois. Por casi una década he sido ingeniero en la industria antes de regresar a la academia. Estoy empapado en la ética ingenieril de solución de problemas y toda la preparación necesaria para servir como ingeniero. He desarrollado y dirigido grupos grandes de investigación basados en modelos y computadoras. Siempre hemos tenido a alguien que era efectivamente el modelador para el grupo, la persona que traducía los pensamientos individuales en software. Una de mis principales tareas era asegurar que había suficiente número de verificaciones de los resultados para permitir asegurar que la traducción era precisa. Pero la dependencia de la persona de un solo programador, claramente conduce a una estructura organizacional inestable.

A través de los años, lentamente he tratado de encontrar formas de eliminar la centralidad del modelador en el proceso de descubrimiento. Creo que ese camino ha tenido salidas. La revolución en computadoras, su potencia, tamaño y bajo costo y el desarrollo de software de análisis numérico que la acompañó, son instrumentos cruciales en este camino. Ya no precisamos la larga preparación en cursos de matemáticas y programación. Ya no precisamos concentrarnos en reducir las descripciones del problema a linealidad para encontrar soluciones analíticas. Esta revolución ha hecho que la modelación esté disponible para más disciplinas en nuestra universidad. Los estudiantes de mi clase vienen de ingeniería, biología, bioquímica, microbiología, psicología, antropología, geografía, geología, disciplinas de animales y cultivos, economía, ecología, ciencias de la información, ambientales, alimentos... la lista parece interminable. Muchos de ellos son lo que un profesor de ingeniería llamaría "deficientes en matemáticas y programación". No pareciera importar. Son astutos y se entusiasman con el poder que encuentran en modelar. Los mejores concentran su trabajo en mi clase para resolver controversias de mucho tiempo en su propio campo.

Cuando un grupo de expertos está concentrado en un solo problema de modelado, el enfoque de modelación es muy útil si se hace correctamente, democráticamente, donde el modelador realmente es un organizador y lleva a cabo una traducción (fácil de entender y fácil de ver) de las ideas relevantes de los expertos. Cuando el proceso se hace de esta manera tiene una probabilidad alta de éxito porque cada experto sabrá que su propia experiencia ha sido capturada en forma precisa y traducida en un modelo más grande. Creerán en el modelo resultante y lo alabarán. Si es un modelo de algunas partes de la dinámica corporativa, esta alabanza mantendrá al modelo vivo, en desarrollo y útil. Aquellos expertos que participaron en el proceso ganan porque ven cómo sus visiones del mundo funcionan dinámicamente dentro del mundo más amplio. Así pueden levantar las restricciones dentro de las cuales han modelado hasta ese momento y hacer por sí mismos el modelado que han aprendido recientemente. Lo que antes eran constantes pasan a ser variables y su comprensión del mundo se profundiza a medida que se amplía.

Hay dos bloqueos que ocurren con este tipo de modelación. Ambos son sicológicos. En primer lugar, algunos expertos sienten que van a perder algo de importancia si un modelo computacional puede absorber lo que ellos trajeron al grupo de modelación. Ellos han luchado duro y mucho para obtener ese conocimiento y, en cierto sentido, han sido el portal para que otros logren entender su parte del mundo. Podrían también sentir que están expuestos a sufrir bochorno si el proceso de modelación mostrara lo poco que ellos conocían acerca de su mundo o si revelara alguna clase de inconsistencia en su forma de pensar. La clase de expertos que necesitamos en estos esfuerzos de modelación en grupo es aquella que pone la ganancia de conocimiento como su mayor prioridad. Ese tipo de persona se da cuenta que no lo saben todo y también se da cuenta que eso es cierto de todos los otros expertos. No es que posean un sentido inusual de confianza en sí mismo. Su fortaleza radica en sus prioridades y en su humildad.

El segundo bloqueo a un buen modelado en grupo está en el dominio del organizador del modelo. En general, los programadores de modelos no quieren ceder su posición clásica de traducir palabras en líneas de código, purificar ese código y reinterpretar los resultados a los expertos. De nuevo, hace falta un conjunto nuevo de prioridades. Esa gente debe darse cuenta que no pueden entender cada detalle de cada campo pertinente... sencillamente es demasiado para que una sola persona sepa eso. El futuro de la modelación está en el esfuerzo del grupo o equipo de modelación, y si ese esfuerzo no se hace con "modelador como organizador", entonces el esfuerzo quedará muy corto con respecto a su potencial. El bloqueo viene de la falta de voluntad del modelador de ceder el modo de comando y control y de democratizar el esfuerzo. Solamente cuando hagan eso, los participantes concluirán que son plenos participantes y los beneficios de esa conclusión serán profundos. El modelador es reticente de ceder su posición central debido a todo el esfuerzo que ha hecho para llegar a ser modelador, años de aprendizaje y práctica. Pero va a asumir un rol mucho más poderoso cuando llegue a ser organizador del esfuerzo de modelación y aprenderá mucho de los expertos.

Simultáneamente, el organizador de modelado pasa a ser un maestro. Enseña el proceso de modelación. Después de todos esos años en esa actividad, todavía no puedo decirles qué es lo que funciona (y qué no) en una clase. Algunos estudiantes pareciera que casi nacieron con una comprensión de la dinámica de sistemas... algunos parece que no pudieran avanzar mas allá de las formas más simples de modelos. Una vez encontré una correlación entre el desempeño en clase de los estudiantes y sus experiencias áulicas previas. Parece que un curso elemental en programación y una experiencia reciente en cálculo son útiles. Por otra parte, uno de los mejores estudiantes que he tenido (excluyendo mis propios estudiantes graduados, por supuesto), fue una estudiante de Inglés que después siguió Abogacía. La única matemática que había tomado fue al nivel de escuela superior (para estudiantes dotados) y dijo que "su padre era ingeniero y a ella siempre le habían gustado las matemáticas".

El único requisito firme que le hago a los estudiantes es que sigan un formato prescripto para sus tareas y proyectos del curso. Ese formato es algo así:
PROBLEMA: Aquí el estudiante pone la descripción del tópico que será modelado. Esa descripción tiene un resumen mínimo breve de lo que se sabe, con especial atención a identificar las retro-alimentaciones, los lapsos y las incertidumbres del tema. Se establecen todos los valores iniciales y de parámetros.
PREGUNTAS: Aquí el estudiante debe hacer unas preguntas claras acerca del sistema. Una parte sorprendente de mi esfuerzo va en recordarle a los novatos que una pregunta termina con un signo de interrogación. Ese foco da cierto significado y dirección al desarrollo del modelo. Evita que el estudiante divague alrededor del modelo.

SOLUCION: Aquí el estudiante presenta la estrategia de solución. Una parte asombrosa de mi tiempo se usa en tratar de que modelen con el mínimo (en lugar del máximo) nivel de complejidad. Se sigue el marco de trabajo regular de la solución, como si ese trabajo fuera a ser sometido a una publicación profesional.

PREGUNTAS ADICIONALES: Para reforzar el hecho que ninguna modelación es completa, les pido aquí una lista de preguntas nuevas que surgen naturalmente después que han comprendido y escrito la solución y que fluyen naturalmente en la mente del estudiante como resultado de esta construcción del modelo. Les hago notar que si fueran a continuar esta sección que nunca acaba, eventualmente modelarían la dinámica de todo el mundo.

ANALOGIA: Aquí les pido una descripción breve de por lo menos un sistema que sea similar al que han modelado. Haciendo esto espero llevarle al estudiante la importancia del uso creativo de estructuras y soluciones de modelos anteriores. Naturalmente los estudiantes carecen de esta clase de experiencia, pero quiero señalarles la importancia que tiene la experiencia en la creatividad.

Cierro el escrito con un ejemplo. Recientemente, un estudiante aventajado de biología, que también estaba trabajando en una empresa, ha completado un modelo de animal de cuatro patas que considera cómo las patas se sincronizan de alguna manera para dar los diversos pasos que se ven en caballos. El modelo era simple y elegante pero lo que me sorprendió fue su analogía. Ella asemejó esa sincronización de los patrones de colocación de las patas con la armonía (o falta de armonía) de la organización típica. Diferentes unidades de la organización pueden estar sincronizadas y trabajar bien o estar desorganizadas al punto que se precisen inventarios internos grandes y costosos. Estudiantes como ésa hacen que la vida del maestro valga la pena.

REFERENCIAS

Conquest, R. (1993), History, Humanity and Truth, 22 Jefferson Lecturer in the Humanities, Washington DC, 5 de Mayo.

Pagels, H. (1998), Dreams of Reason, Simon and Schuster, New York.

Hannon, Bruce y Ruth, Matthias (2001), Modeling Dynamic Systems, Second Edition, Springer, New York.

CAPITULO 8

LABORATORIO DE DINAMICA DE SISTEMAS

Una vez aprendido el concepto de dinámica de sistemas, trabajaremos con software de simulación de sistemas. Específicamente, en este capítulo usaremos el programa de dinámica de sistemas llamado STELLA.

8.1 EL SOFTWARE STELLA

Actividad	1	Lectura

Joaquín Medín es puertorriqueño, profesor de la Universidad de Puerto Rico en Bayamón. Es el más entusiasta defensor del uso de dinámica de sistemas en la enseñanza en su país. Lea su artículo de 2007 y discuta en detalle:

1. ¿Qué son stocks? ¿Qué son flujos? ¿Qué son convertidores? ¿Qué son conectores?
2. Describa en sus propias palabras el significado de
   - Retroalimentación en sistemas.
   - Bucles de retroalimentación positiva y negativa.
   - Reacciones en cadena.
   - Redes y modelado de redes.
   - Sensibilidad.
   - Situaciones de enclavamiento.

8.2 DESARROLLO DE MODELOS SENCILLOS CON STELLA

Actividad	2	Desarrollo de modelo

Use Stella para (1) Desarrollar un modelo de dinámica de sistemas en su propio campo de interés. (2) Experimentar con el modelo. (3) Busque ejemplos ya resueltos por otros investigadores o educadores que sean de su campo de interés.

8.3 VERIFICACION Y VALIDACION DE MODELOS EN LA DS

Actividad	3	Verificación y validación

Lea el artículo de Godoy y Bartó (2003). Discuta el artículo a la luz del modelo desarrollado en la actividad anterior.

REFERENCIAS

Godoy, Luis A. y Bartó, Carlos A. (2002), Validación y valoración de modelos en la Dinámica de Sistemas, *Revista Argentina de Enseñanza de la Ingeniería*, vol. 3, pp. 31-47.

Hannon, Bruce y Ruth, Matthias (2001), *Dynamic Modeling*, Springer Verlag, New York.

Medín-Molina, Joaquín (2007), Modelado de sistemas dinámicos y educación en ciencias e Ingeniería, *Latin American and Caribbean Journal of Engineering Education*, vol. 1(2), pp. 75-82.

STELLA (2008), ver el portal en Internet: www.iseesystems.com.

CAPITULO 9

EL ESCENARIO ACTUAL DE MODELACION

9.1 TEORÍAS ABARCADORAS QUE CARACTERIZAN COMPORTAMIENTOS

Los investigadores del Renacimiento trabajaban en problemas de naturaleza diversa, en lugar de concentrarse en detalles disciplinarios como en la actualidad. De manera que no es de asombrarse que Petrus van Musschenbroek (1692-1761) estudiara medicina en Leiden, pero fuera conocido en su tiempo y posteridad como un físico de envergadura. También llevó a cabo contribuciones extraordinarias en el campo de la mecánica experimental y fue uno de los mayores divulgadores de las teorías de Newton en el continente europeo. Los estudios se denominaban como Filosofía Natural, mientras que los de la naturaleza pasaron posteriormente a llamarse como Historia Natural.

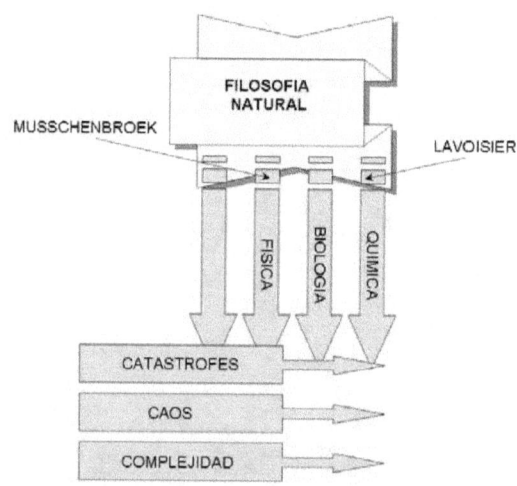

Figura 9.1. Esquema de la evolución de teorías sobre el mundo del Siglo XV al presente.

En la segunda mitad del Siglo XX aparecieron nuevamente tendencias unificadoras, en las que el factor de unificación entre estudios de diferentes disciplinas se basó en algunos principios generales que se observaban en distintas ramas del saber. Algunos de estos enfoques llegaron a tener gran difusión y popularidad, como la teoría de catástrofes, los estudios de caos y las teorías de complejidad. En este capítulo abordaremos brevemente estos enfoques, con el fin de mostrar de qué manera han influenciado la forma en que se lleva a cabo la modelación en el presente.

9.2 PERSPECTIVA DE BIFURCACIONES

Origen de la perspectiva

La teoría de bifurcaciones surge con Henri Poincaré (1854-1912), que influenció tanto los desarrollos en matemáticas como en aplicaciones en disciplinas diversas. Los conceptos básicos de bifurcaciones surgieron en 1881: Poincaré definió allí una bifurcación, discutió los elementos de la teoría y describió el fenómeno en gran detalle. Los elementos básicos de la teoría pueden agruparse en tres categorías: soluciones críticas, estabilidad dinámica y inestabilidad estructural. El concepto básicamente implica que el comportamiento de un sistema pasa por cambios cualitativos; sin embargo, una parte de la teoría se caracteriza por la identificación de soluciones críticas, que conllevan una cuantificación para identificar cuándo ocurre ese cambio en la naturaleza de comportamiento. Entre las primeras aplicaciones surge el pandeo de una columna, que es reinterpretado a la luz de la teoría de bifurcaciones. También se reinterpretan problemas de transición de fases. En todos estos casos interesa de que manera los parámetros afectan las variaciones cualitativas en la solución. En 1892, A. M. Liapunov (1857-1918) publicó su estudio de estabilidad de las soluciones críticas, también de naturaleza cualitativa. El término estabilidad estructural fue acuñado por un autor ruso Lefschetz en 1957 (no confundir con estabilidad de estructuras en el sentido de construcciones civiles).

Conceptos básicos

Para comprender las teorías que tratan bifurcaciones es necesario considerar la respuesta no lineal de sistemas o componentes. Supongamos un sistema para el cual se pueden identificar parámetros que lo controlan y parámetros de respuesta. Supongamos que el sistema es lo suficientemente simple para que podamos caracterizarlo mediante un parámetro de control y uno de respuesta.

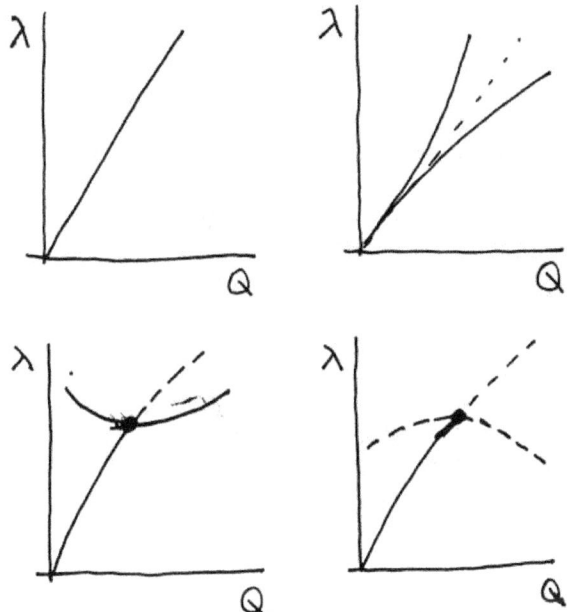

Figura 9.2. Respuestas (a) lineal y (b) no lineal de un sistema para el cual hay una trayectoria de equilibrio desde el origen. Bifurcaciones simétricas en la respuesta no lineal de un sistema: (c) Estable, (d) Inestable.

La Figura 9.2.a muestra una posible respuesta lineal del sistema y dos posibilidades no lineales sencillas en la 9.2.b. Supongamos que cada punto de la curva corresponde a un estado en equilibrio, de manera que el conjunto de estados en equilibrio se denomina trayectoria de equilibrio. En todos estos casos hay una sola trayectoria desde el origen.

Hay otra familia de comportamientos posibles, que se denominan bifurcaciones, en las que aparece una nueva rama o trayectoria que no estaba presente desde el inicio. Los casos mas conocidos son las bifurcaciones simétricas, donde la nueva rama corta a la primaria con simetría con respecto a ésta. El punto de intersección es el punto de bifurcación, y tiene características especiales que lo transforman en un punto singular. En cambio, todos los otros puntos del grafico se denominan puntos regulares o normales.

Es posible investigar la estabilidad de cada punto en equilibrio mediante un test. En su versión más simple, el test consiste en sacar al sistema levemente de la configuración en equilibrio y observar si regresa a su estado original o si migra hacia otro estado más lejano. En la bifurcación estable (Figura 9.2.c), una vez producida la bifurcación, la trayectoria primaria se transforma en inestable pero la secundaria es estable y el sistema sobrevive a pesar de que aumente λ. En la bifurcación inestable (Figura 9.2.d) el último estado estable es la propia bifurcación y el sistema se vuelve totalmente inestable, no importa que rama intente seguir.

Se denominan "estados regulares" aquellos en los que la respuesta es un estado normal y "estados singulares" cuando se produce la intersección de dos trayectorias o que la tangente a una de ellas sea horizontal en el gráfico. Un estado regular puede ser tanto estable como inestable.

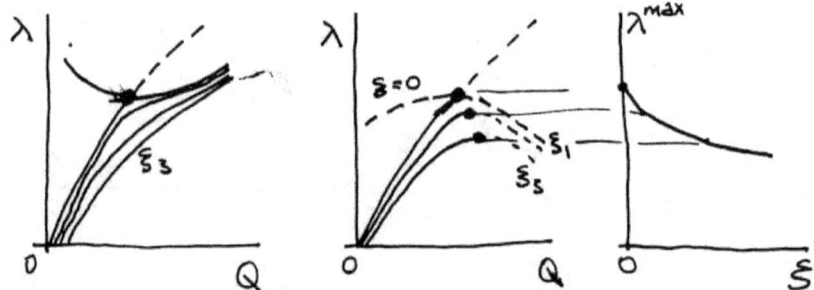

Figura 9.3. Influencia de un nuevo parámetro ξ (como una imperfección) que "rompe" la bifurcación. (a) Para bifurcación simétrica estable, (b) Bifurcación simétrica inestable, (c) Sensibilidad del valor máximo de λ en cada curva con respecto al valor de ξ.

Consideremos a continuación un nuevo parámetro, que denominaremos ξ, que también controla al sistema. Por ejemplo, ξ puede ser la amplitud de una pequeña desviación con respecto a la configuración original (como una imperfección). Para diferentes valores del parámetro ξ, la bifurcación simétrica estable se vuelve una trayectoria no lineal desde el origen, y trata de pegarse a las dos trayectorias primaria y secundaria pero evitando el punto de bifurcación (Figura 9.3.a). Lo mismo ocurre con la bifurcación simétrica inestable (Figura 9.3.b). La diferencia es que en la inestable siguen habiendo valores máximos de la respuesta en cada curva computada con un ξ diferente, mientras que tal cosa no aparece en la estable. Es común ilustrar la dependencia del valor máximo con el parámetro ξ mediante una curva de sensibilidad ante imperfecciones, que se muestra en la Figura 9.3.c.

Aplicaciones de bifurcaciones

Un ejemplo clásico de bifurcación se puede ver en la Figura 9.4, sobre el pandeo de una columna cargada con una fuerza P en el sentido axial. Para cargas relativamente bajas, la columna permanece recta (trayectoria primaria) y no hay deformaciones laterales w. Existe una carga P_E para la cual aparece una segunda posibilidad, que es la trayectoria secundaria, en la cual hay deflexiones laterales. El punto de bifurcación esta dado por el cruce de las dos trayectorias, para el estado de equilibrio con carga P_E. Si introducimos una pequeña desviación de la línea recta en la forma original de la columna, en lugar de seguir las trayectorias primaria y secundaria, el sistema desarrolla una trayectoria nueva no lineal que tiende a pegarse a las otras dos, pero se aparta más en el punto de bifurcación. Debido a la presencia de este nuevo parámetro de control, la imperfección, el sistema ahora no muestra la bifurcación sino que se aproxima a ella. Se dice que la imperfección "rompe" la bifurcación.

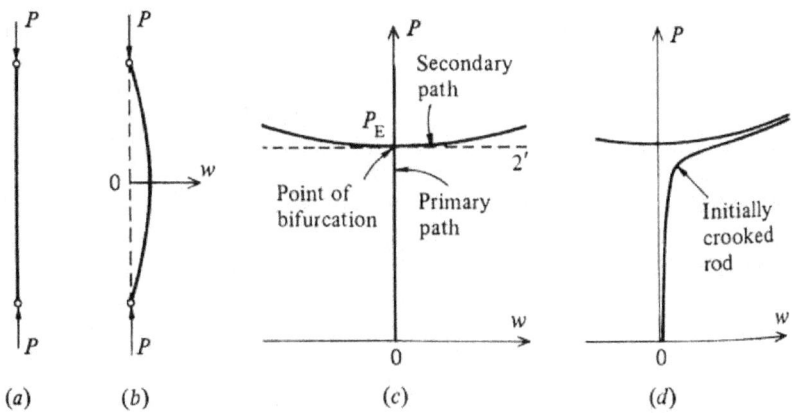

Figura 9.4. Bifurcaciones en la respuesta de una columna.

También se verifican bifurcaciones en la forma cuando hay crecimiento en plantas, como en *Acetabularia acetabulum*, Figura 9.5.

Actividad	1	Bifurcaciones
Identifique procesos en su campo de interés en los que se observen cambios cualitativos en la respuesta de un sistema dependiendo de los valores que se adopten para los parámetros que lo controlan.		

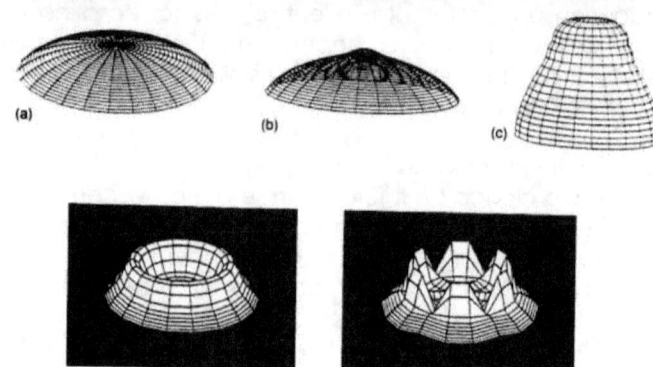

Figura 9.5. Cinco etapas en el desarrollo de Acetabularia, generadas mediante un modelo computacional. Se observa la bifurcación cuando se pasa de una forma simétrica (a-d) a una periódica no simétrica (e).

9.3 PERSPECTIVA DE CATÁSTROFES

Origen de la perspectiva de Catástrofes

Surgió entre 1962 y 1969 de la mano de René Thom (1923-2002), reconociendo que el campo de aplicación de las ecuaciones diferenciales tiene limitaciones como un lenguaje descriptivo. La teoría estudia cómo cambia la solución cualitativa de un sistema con los parámetros que aparecen en el sistema. El libro de Thom "Estabilidad Estructural y Morfogénesis" es de 1972. Thom ve la teoría como un lenguaje que puede usarse para modelar fenómenos naturales.

Catástrofe es cualquier transición discontinua que ocurre cuando un sistema puede tener más de un estado estable o cuando puede seguir más de un camino estable de cambio. Es una forma de modelar problemas que presentan causas continuas y sin embargo tienen consecuencias discontinuas. Describe las singularidades mediante superficies. Permite la clasificación local de las singularidades que pueden ocurrir para un número determinado de parámetros de control y de respuesta. Para fenómenos de ciertas características, el problema queda resuelto por medio de catástrofes elementales.

Otros investigadores, como Christopher Zeeman, trataron de divulgar las posibilidades de la teoría en otros campos fuera de la física o biología (Zeeman, 1976). Hay varios textos muy buenos sobre la teoría (Poston y Stewart 1978, Gilmore 1981)

Características de las catástrofes

Bimodalidad. En el modelo de agresividad, consideramos un perro y sus reacciones frente a estímulos externos. Los parámetros de control considerados son estímulos que producen temor ($\lambda 1$) y estímulos que producen rabia ($\lambda 2$). El parámetro de respuesta (Q) es la reacción del perro, que varía de ataque a retracción por miedo.

Si $\lambda 1$ crece y $\lambda 2$ decrece, entonces la respuesta Q = retracción.

Si $\lambda 1$ decrece y $\lambda 2$ crece, entonces la respuesta Q = ataque.

Si $\lambda 1$ crece y $\lambda 2$ crece, entonces la respuesta Q = ¿? Aparecen posibilidades de que haya tanto ataque como retracción, o sea una respuesta bimodal. Si se usara un modelo más sencillo que el de catástrofe, en el cual los dos estímulos se cancelan, la respuesta sería Q = neutro, lo cual no sería una buena representación.

Atractores. Se denominan tractores a los estados en los cuales el sistema está en equilibrio estático estable. Por ejemplo, en un sistema físico, un punto de energía mínima es un atractor. Su efecto es como un imán: arrastra hacia él todo lo que se encuentra en su rango de influencia. La teoría de Thom dice que todos los posibles saltos entre atractores simples pueden ser determinados mediante las siete catástrofes elementales.

Catástrofes elementales. Los tipos de superficies que pueden encontrarse localmente marcando discontinuidades, cuando hay hasta cuatro parámetros de control y hasta dos de respuesta, se encuentran detallados en la teoría con los nombres de Pliegue (1λ, $1Q$), Cúspide (2λ, $1Q$), Cola de golondrina (3λ, $1Q$), Mariposa (4λ, $1Q$), Hiperbólica Umbílica (3λ, $2Q$), Elíptica Umbílica (3λ, $2Q$), Parabólica Umbílica (4λ, $2Q$). La más conocida es la Cúspide, que ha sido más explotada, seguida de la mariposa.

Estabilidad estructural. Para que una estructura topológica exista en el mundo natural real, es necesario que el fenómeno completo tenga estabilidad global frente a perturbaciones lo suficientemente pequeñas.

Desplegado (unfolding). Son reglas que indican cómo entran los parámetros de control de manera que el fenómeno completo sea estructuralmente estable.

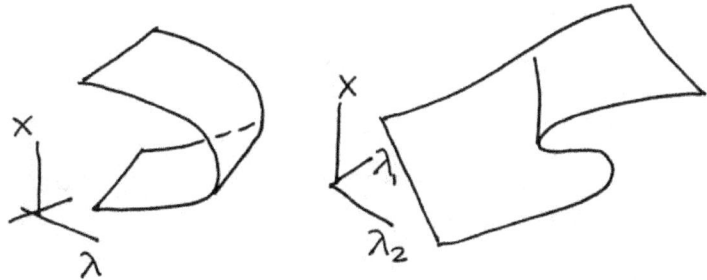

Figura 9.6. Catástrofe en forma de (a) Pliegue, (b) Cúspide.

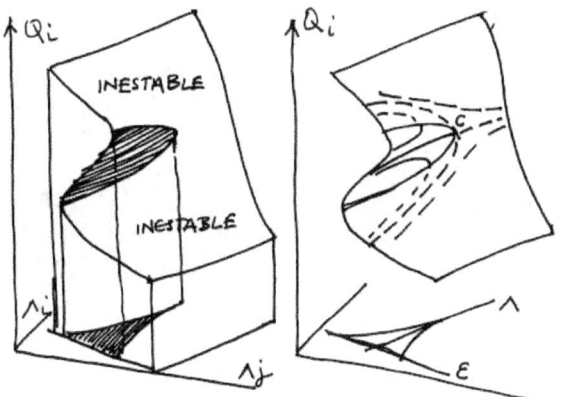

Figura 9.7. (a) Catástrofe en forma de cúspide, indicando sus zonas estable e inestable. La proyección en el plano de los parámetros de control λ corresponde a la sensibilidad. (b) La visión de la cúspide considerada desde la teoría de bifurcaciones.

Aplicaciones de catástrofes

Se desarrollaron aplicaciones de catástrofes en biología, embriología, modelos de latido de corazón, propagación de impulsos nerviosos, ondas de choque, pandeo, oscilaciones no lineales y en problemas en los que se presenta un comportamiento bimodal. Pero hay usos de diferente naturaleza:

- Verdaderas aplicaciones. Cuando se hicieron predicciones correctas que llevaron a progresos en la comprensión, como en óptica.
- Ilustraciones. Son casos en los que la teoría produce de una forma nueva resultados que ya se habían obtenido por los métodos existentes, como en el pandeo de estructuras elásticas.
- Invocaciones. Cuando la identificación del potencial y de los parámetros de control es provisional, de modo que la teoría se emplea a causa de lo sugerente de sus imágenes, con la esperanza de que sus axiomas acaben de resultar aplicables. Cuando se invoca la teoría, normalmente no puede decirse nada que no supiéramos de antemano.

Reacciones en contra de la Teoría de Catástrofes

Existen problemas sobre como utilizar las catástrofes junto con otras formas de modelación. Hay dos objeciones fundamentales:

- que la teoría no aporta nada que no se supiera ya anteriormente, es solo una forma distinta de ver las conceptualizaciones.
- Que uno puede equivocarse en el número de parámetros de control o de respuesta reales del sistema, y con eso sacar conclusiones equivocadas. Ver el artículo de Croll (1976), ilustrado en la Figura 9.8.

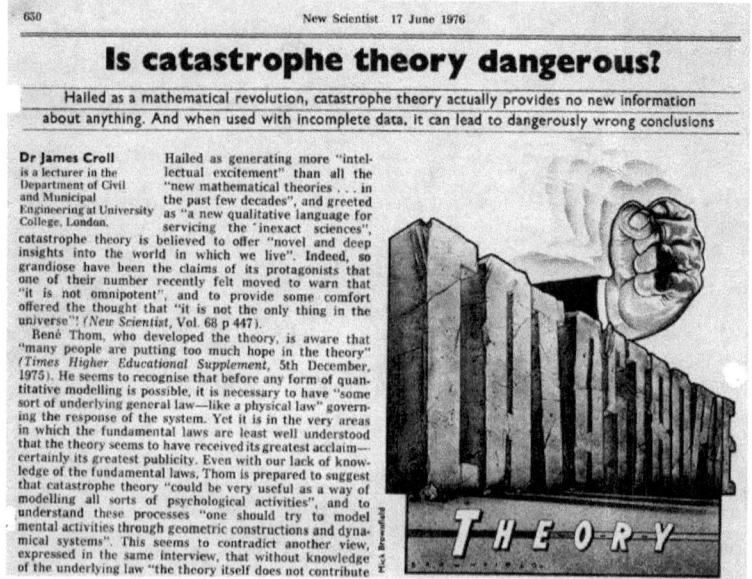

Figura 9.8. Reacciones a la teoría de catástrofes surgieron de parte de científicos que en general trabajaban con la teoría de bifurcaciones.

9.4 PERSPECTIVA DE CAOS Y ORDEN

Origen de la perspectiva de Caos

Edward Lorenz parece haber sido el primero en notar la sensibilidad de la respuesta frente a las condiciones iniciales que se supongan en el sistema (ver Lorenz 1992). Sin embargo, tal observación ya viene desde la época de Henri Poincaré, aunque haya permanecido inexplorada por más de 50 años. Hay muchos textos (Gleick 1987, Hayles 1993, y muchos otros) y artículos de divulgación (Crutchfield et al. 1987) acerca de Caos, que se volvió un tema muy popular por sus posibles implicaciones en otros campos del quehacer humano.

Sistemas que presentan iteraciones

Consideraremos la recursividad como una forma simple de generar un comportamiento retro-alimentado que lleva a una respuesta caótica. Cuando se itera una ecuación en lugar de resolverla, se tiene un proceso en lugar de una descripción. La relación es ahora dinámica (en lugar de estática) y cada incremento de una variable en la iteración es como un intervalo de tiempo Δt.

Por ejemplo, supongamos una variable X, su valor en la iteración i es una función f de su valor en la iteración anterior $(i-1)$:

$$X_i = f(X_{i-1})$$

Veamos ejemplos de ecuaciones en las que hay iteraciones de un valor inicial. En los dos primeros casos hay una única solución a la que tienden las iteraciones.

$X_i = \sqrt{(X_{i-1})}$	Si colocamos inicialmente $X1$ = 256, para n iteraciones llegamos al valor Xn = 1.
$X_i = (X_{i-1})^2$	Si colocamos inicialmente $X1$ = 2, para n iteraciones llegamos al valor Xn = infinito.
$X_i = \lambda X_{i-1} (1-X_{i-1})$	La solución después de iterar depende del valor inicial supuesto y del parámetro λ considerado.

Caos en sistemas con iteraciones

Consideremos la ecuación logística, usada en estudios de población:

$$X_i = \lambda X_{i-1} (1-X_{i-1})$$

donde λ es la tasa de nacimientos y X es la población. La respuesta depende de los valores de los parámetros que se adopten, o sea que depende de la región en la cual exploremos las soluciones.

Para λ = 0.9 (y para cualquier valor de $X1$ supuesto, como por ejemplo 0.4), la solución al cabo de algunas iteraciones llega a Xn = 0 y se estabiliza allí. Se dice que la solución se extingue.

Para λ = 2 y $X1$ = 0.4, la solución llega a Xn = 0.5 y se estabiliza allí. Se obtuvo un solo ciclo. Para ese λ = 2, podemos introducir pequeñas perturbaciones al valor inicial $X1$, como suponer $X1$ = 0.42 o aun $X1$ = 0.9, y seguimos obteniendo el mismo valor final Xn=0.5.

Cuando llevamos el parámetro a λ = 3.1, por ejemplo con $X1$ = 0.4, la solución se estabiliza oscilando entre dos valores, no uno: Xn=0.558 y

Xn+1=0.7645. Hay una oscilación entre estos dos ciclos. Se dice que hay una bifurcación en el mapa de respuesta (Figura 9.10), en la cual se ha doblado el periodo de la solución. Si cambiamos el valor inicial, por ejemplo a X1 = 0.42, se sigue obteniendo la misma oscilación entre dos valores. Aun no tenemos caos, pero vamos hacia allá.

Para λ = 3.5 (y X1 = 0.4), la solución converge entre cuatro valores: Xn=0.3828, Xn+1=0.8269, Xn+2=0.5008, Xn+3=0.8749. Nuevamente se ha duplicado el periodo de oscilación de la solución. La Figura 9.9 muestra la respuesta cuando aparecen bifurcaciones. Entre λ = 3.5 y λ = 4 el comportamiento se vuelve muy complicado, y se dice que entra en caos. La Figura 9.10 muestra el mapa completo de la "ruta al caos"[1] a medida que aumentamos el valor del parámetro λ.

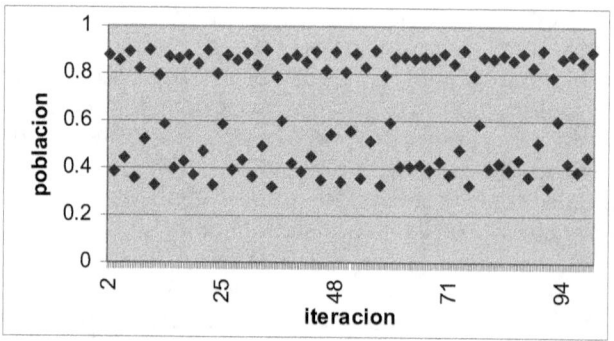

Figura 9.9. Comportamiento de la ecuación logística cuando aparecen bifurcaciones en el período de la solución, para λ = 3.6.

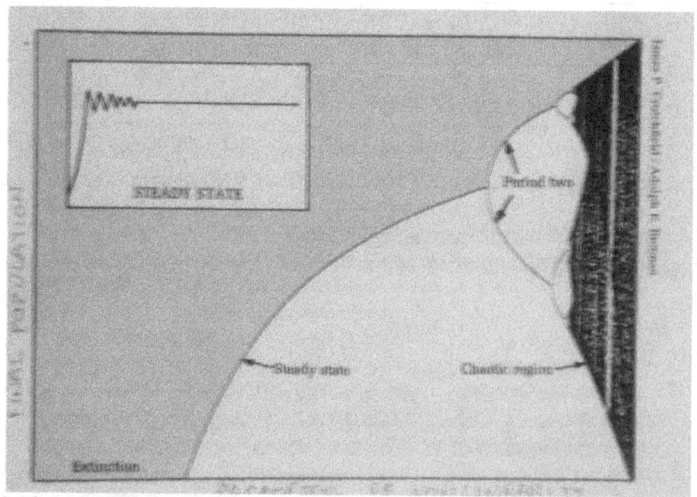

Figura 9.10. Mapa del comportamiento de la ecuación logística con λ en el eje horizontal, X en el eje vertical. Para valores bajos de λ ocurre la extinción de la solución X. Al aumentar λ se llega a una bifurcación en la cual se dice que se dobla el periodo. Para valores mayores vuelve a bifurcarse en cuatro, y así sucesivamente, hasta que entra en caos, que es la zona casi negra del mapa.

---

[1] Esta no es la única ruta que conduce al caos, pero es fácil de visualizar. También surge en ecuaciones diferenciales, pero allí necesitamos un espacio de fase en tres dimensiones.

Juegos con reglas simples que conducen a caos

Hay varios ejemplos populares de juegos en los que se inicia con algún valor aleatorio pero al cabo de aplicar sucesivamente una regla se llega a un patrón regular en algún nivel de representación (Gleick 1987). Estos juegos son especialmente usados para ilustrar caos en grupos de estudiantes.

Actividad	2	Caos

Lea y discuta el artículo de divulgación sobre "Caos", por Crutchfield et al. (1987).
En qué sentido se afirma que: "A pesar de todo, nuestro universo está muy ordenado".

REFERENCIAS

Croll, James G. A. (1976), Is Catastrophe Theory dangerous?, New Scientist, 17 Junio.

Crutchfield, James P.; Farmer, J. Doyne; Packard, Norman H.; Shaw, Robert S. (1987), Caos, Scientific American, Febrero.

Gilmore, Robert (1981), Catastrophe Theory for Scientists and Engineers, Wiley.

Gleick, James (1987), Chaos: Making of a new science, Viking Penguin, New York.

Gurel, Okan y Rossler, Otto E. (Eds.) (1979), Bifurcation Theory and Applications in Scientific Disciplines, Annals, vol. 316, New York Academy of Sciences, New York.

Hayles, N. Katherine (1993), La Evolución del Caos, Gedisa, Barcelona.

Lorenz, Edward (1992), The Essence of Chaos, University of Washington Press, Seattle.

Poston, Tim y Stewart, Ian (1978), Catastrophe Theory and its applications, Pitman, London.

Stewart, Ian y Golubitsky, Martin (1992), Fearful Symmetry: Is God a geometer?, Blackwell, Oxford, Inglaterra.

Thom, Rene (1975), Structural Stability and Morphogenesis, W.A. Benjamin, London.

Thom, Rene (1985), Parábolas y Catástrofes, Tusquets, Barcelona. Traducción del original en italiano de 1980.

Zeeman, Christopher (1976), Catastrophe Theory, Scientific American, Abril, pp. 65-83.

CAPITULO 10

COMPLEJIDAD Y EMERGENCIA

El capítulo muestra algunos aspectos de estudios de complejidad, que han alcanzado gran popularidad en la última década. Se presentan los conceptos de complejidad y emergencia, y se mencionan los algoritmos de autómatas celulares y algoritmo genético.

10.1 COMPLEJIDAD

Orígenes de la teoría de complejidad

La Teoría de Complejidad es relativamente nueva, aunque se basa en ideas antiguas. La escuela de Bruselas genero avances importantes en la década de 1980 (Nicolis y Prigogine 1989). Lo nuevo es que a partir de los 90 se le ha dado una identidad, nombre, sede (el Instituto de Santa Fe, fundado a mediados de los 80) y promoción. Hay una extensa literatura de divulgación al respecto (por ejemplo, Waldrop 1992, Lewin 1992).

Sin embargo, no es una disciplina muy bien definida. No hay una única teoría de complejidad, en el sentido que sí hay una teoría de catástrofes. Por el contrario, hay una serie de modelos que llevan a un orden emergente en el sistema. Es difícil encontrar dónde están las fronteras entre estas diversas líneas de trabajo en complejidad. En general, lo que tiene en común los modeladores que trabajan en complejidad, es que usan algoritmos (como opuesto a resolver ecuaciones diferenciales): cuando se enfrenta a un problema, se trata de computarlo (en lugar de resolverlo), porque a veces se puede computar la respuesta pero no se puede hallar una solución cerrada al problema.

Figura 10.1. Fotografía tomada de una propaganda comercial. El texto dice: "Cuanto más compleja sea su empresa, más necesitará que todo trabaje junto" [1]. Los sistemas complejos están formados por muchos "agentes" independientes, que interactúan entre ellos de diversas formas.

---

[1] "The more complex your enterprise, the more you need everything working together".

Principales características de la complejidad

Para comprender la filosofía de complejidad, podemos comenzar estableciendo algunas de sus características:

- Los sistemas complejos están formados por muchos "<u>agentes</u>" independientes, que interactúan entre ellos de muchas formas.
- Como consecuencia de esas interacciones, el sistema puede <u>auto-organizarse</u> de manera espontánea. Nadie (ninguno de sus agentes de manera individual, ni entidades externas al sistema) está a cargo o planifica su organización; simplemente la organización <u>emerge</u> del sistema.
- Estos sistemas complejos son <u>adaptativos</u>. No responden de forma pasiva a los eventos, sino que cualquier cosa que ocurra tratan de volverla ventajosa para ellos. Son activos.
- Tienen una dinámica especial, en la que también están incluidos el orden y el caos. Se mantienen en un balance entre ambos, llamado "<u>al borde del caos</u>".
- Hay sistemas muy complicados, pero aquí se habla de sistemas complejos cuando su dinámica responde a las características anteriores.
- Hay expectativa (aun no satisfecha) de que existan principios generales que gobiernen el comportamiento de sistemas complejos.

Actividad	1	Inteligencia colectiva de insectos y aves

Lea el artículo de divulgación titulado "Inteligencia colectiva de insectos y aves", publicado en la revista de National Geographical Society. Discuta los ejemplos citados sobre comportamiento complejo.

Agentes y adaptación

Los sistemas adaptativos, sin excepción, están formados por un número grande de elementos activos o agentes. Estos agentes pueden ser diversos en su forma y en sus capacidades. Por ello conviene describir las capacidades de cada agente individual.

Es necesario especificar los estímulos que puede recibir el agente y las respuestas que puede proveer a cambio. Cualquier comportamiento puede describirse usando un conjunto de reglas. Podemos describir capacidades mediante una colección de reglas.

Las <u>reglas</u> de estímulo-respuesta son enunciados de la forma:

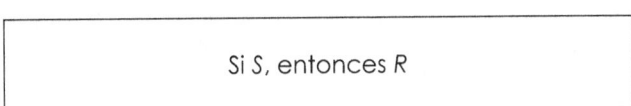

Si S, entonces R

donde S son estímulos y R son respuestas. [2]

Cuando se usan en modelación de un sistema, las reglas deben satisfacer algunos criterios:

- Las reglas deben usar una sola sintaxis para describir a todos los agentes del CAS.

---

[2] IF estímulos S, THEN responda R.

- La sintaxis de las reglas deben permitir todas las interacciones que se cree que existen entre los agentes.
- Debe haber un procedimiento aceptable para modificar las reglas en base a la adaptación.

La Performance de un agente (su desempeño) es una sucesión de reglas S-R. Una gran parte del esfuerzo de modelar sistemas complejos es modelar las reglas. No hay una manera única de describir estas reglas, ni una metodología universal. Cada autor se las arregla como puede.

La Adaptación es el proceso por el cual un organismo se acomoda al ambiente. Esto implica especificar un ambiente en el cual se desenvuelven los agentes del sistema. Nótese que una gran parte del ambiente de un agente adaptativo está formado por otros agentes adaptativos.

Por medio de su experiencia, el agente cambia su estructura a medida que pasa el tiempo y puede usar mejor el ambiente para satisfacer sus propias necesidades. El tiempo necesario para adaptarse varía con el sistema. Veamos algunos ejemplos:

SISTEMA	TIEMPO DE MODIFICACION
Sistema nervioso central	Segundos/horas
Sistema inmunológico	Horas/días
Empresa de negocios	Meses/años
Especies biológicas	Días/siglos
Ecosistemas	Años/milenios

10.2 PROPIEDADES Y MECANISMOS EN SISTEMAS COMPLEJOS ADAPTATIVOS

Las propiedades que consideraremos son agregación, nolinealidad, flujos y diversidad. Los mecanismos son rotulado, modelos internos y construcción de bloques.

Agregación

Conceptualmente, podemos construir un modelo gracias a que agregamos cosas similares y en este proceso no mantenemos todos los detalles. Para eso agregamos en categorías cosas que parecen similares, y después las tratamos como equivalentes. Para hacer eso, decidimos qué detalles no son relevantes y los ignoramos. Así podemos reunir en una categoría cosas que solo difieren en detalles que elegimos ignorar.

Cuando se trata con Sistemas Complejos Adaptativos (en inglés, CAS), se generan comportamientos complejos en una escala mayor. Estos agregados puede que constituyan un agente en el nivel superior. Estos son ahora meta-agentes. Por ejemplo,

- Un hormiguero es como un organismo que se genera en un nivel superior a los agentes (hormigas) que lo componen, y el comportamiento del hormiguero pareciera que tiene inteligencia, cosa que no se advierte en las hormigas individuales.
- El agregado de empresas genera el producto bruto interno como meta-agente.
- El agregado de anti-cuerpos en un sistema inmunológico genera la identidad inmunológica de una persona.

- El agregado de neuronas en el sistema nervioso genera el comportamiento de un individuo.

Rotulado (del inglés Tagging)

Es un mecanismo de persuasión para producir agregación y formar límites o fronteras. Por ejemplo, letreros, pancartas, rótulos, carteles, banderas. Estos elementos permiten observar y actuar sobre propiedades que antes estaban ocultas o disimuladas. Facilitan la interacción selectiva, permitiendo que los agentes seleccionen entre agentes u objetos o entidades que de otra manera no podrían distinguir. Un buen sistema de etiquetas permite hacer filtrado, especialización, cooperación. Son los mecanismos que permiten que haya organización jerárquica.

Nolinealidad

La mayor parte de las herramientas que se usan en matemáticas son lineales, incluyendo las estadísticas. La respuesta no-lineal siempre es más complicada. Pero sin no-linealidad, no hay CAS.

Flujos

Los flujos ya aparecían en la Dinámica de Sistemas. Pensaremos en una red de nodos y de conectores, como se muestra en la Figura 10.2. Los nodos son los agentes, mientras que los conectores son las interacciones. Ambos pueden aparecer y desaparecer en el tiempo debido a adaptación. Casi siempre las etiquetas definen la red, al delimitar cuales son las interacciones críticas. En el proceso adaptativo, las etiquetas asociadas a interacciones útiles se relacionan, mientras que aquellas que indican relaciones inútiles se descartan. Las propiedades de los flujos son efecto multiplicador y efecto de reciclado.

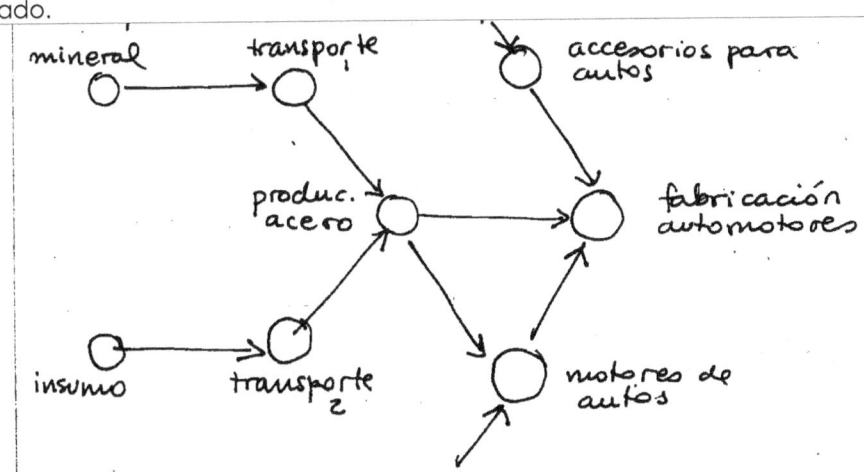

Figura 10.2. Flujo en una red.

<u>Efecto multiplicador</u>: Cuando se coloca un recurso en un nudo, el flujo lo distribuye en la red de nudo a nudo y produce una cadena de cambios. Para ejemplificar, supongamos una red en serie donde circula un flujo (Figura 10.3).

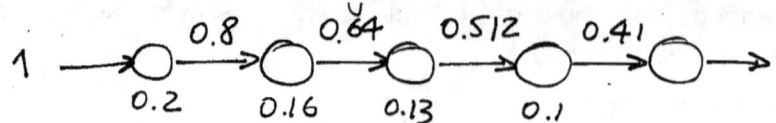

Figura 10.3. Efecto multiplicador en una red secuencial.

- En primer lugar, supongamos que el primer agente se queda con el total de lo que recibe y no pasa nada al siguiente. Si ingresamos 100, el total de los que circuló por la red fue de 100.
- Ahora la regla es que por cada recurso que recibe un agente (nodo), se guarda un 20% y pasa el 80% restante a través de la red. Designaremos r = 0.8. Si el primer agente recibe 100, guarda para sí 0.2x100=20 y transfiere 0.8x100=80. El segundo agente guarda el 0.2 de los 80 que recibe (que es 16) y reparte el 0.8 restante (que es 64), y así sucesivamente. Si sumamos el total que ha circulado por la red, ha aumentado mucho gracias al valor de r. Lo circulado en total es $1 + r + r2 + r3 + r4 + \ldots$ que en este caso suma 500. Esto influye enormemente en las predicciones a largo plazo.

Efecto de reciclado: cuando un agente devuelve algo hacia atrás en la red produce retroalimentación. Con el mismo recurso inicial, el reciclado produce mayores efectos en cada nodo. Por ejemplo, sea la red de cuatro nodos (Figura 10.4),

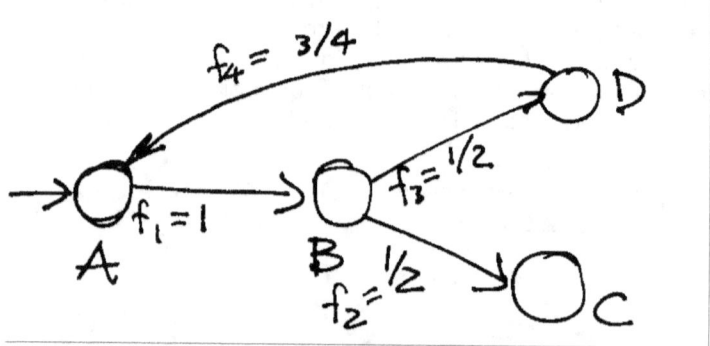

Figura 10.4. Efecto del reciclado.

- Sin reciclar, donde los factores de reparto son f1 = 1 de A hacia B, f2 = 0.5 de B hacia C, f3 = 0.5 de B hacia D. Si ingreso 100 a la red, entonces se quedan A = 100, B = 100, C = 50, D = 50.
- A continuación agregamos reciclado de D hacia A, con f4 = 0.75. En ese caso, al cabo de 10 iteraciones, A = 160, B = 160, C = 80, D = 80. En cada ciclo, los nodos usan y rehúsan los recursos hasta que se acaban o siguen otro camino.

Diversidad

Los CAS tienen una propiedad de diversidad, que no es accidental ni aleatoria. No se establecen en unos pocos agentes que explotan todas las oportunidades, sino que hay novedades todo el tiempo. Que un agente específico persista en el tiempo depende del contexto que le provean los otros agentes. El nicho de un agente es el conjunto de interacciones que están centradas en él.

Si se quita un tipo de agente del sistema, entonces el sistema tiene que adaptarse porque quedan interacciones sin satisfacer. Eventualmente, un nuevo agente puede ocupar el nicho. Aunque los agentes son ahora diferentes, se recrean las interacciones.

También surge diversidad cuando un agente se generaliza, abriendo oportunidades nuevas de interacción que pueden ser aprovechadas por otros agentes diferentes, que se modifican a tal efecto.

El mimetismo es un mecanismo para explotar esas oportunidades. Por ejemplo, hay una mariposa en Estados Unidos que se llama monarca, que tiene la característica que si se la come tiene sabor amargo, por lo que vuela libre de predadores. Hay otra mariposa, que se denomina virrey, que se mimetiza como la monarca, y cuando vuela nadie la ataca porque la confunde con la monarca. Entonces un primer agente (monarca) abrió oportunidades que ahora ha aprovechado un segundo agente (virrey).

La diversidad que se observa en CAS es producto de las adaptaciones. Cada nueva adaptación abre la posibilidad de nuevas interacciones y nichos. A su vez, el reciclado y la nolinealidad influyen sobre la diversidad.

En Biología, los patrones de interacción comunes son Simbiosis, Parasitismo, Mimetismo, Carrera Armamentista (ver Dawkins, 1976).

Representación Interna

"Schema" según Gell Mann. Son modelos que tienen los agentes y que les permiten anticipar las consecuencias que seguirían mediante predicciones. Hay diferentes tipos de representaciones internas:

- Representaciones Internas Tácitas: Hay una predicción implícita de un estado futuro deseable y el agente actúa en esa dirección. Es intuitiva.
- Representaciones Internas Abiertas: Hay una exploración explícita de estados futuros (como puede hacerse en el ajedrez previendo las jugadas futuras).

Una estructura determinada de un agente es una representación interna si podemos inferir algo del ambiente del agente mediante la inspección de la estructura. Además, se requiere que la estructura determine de manera activa el comportamiento del agente.

La evolución favorece representaciones internas efectivas (que anticipan consecuencias importantes) y elimina los agentes con representaciones internas que no sean efectivas.

Building blocks

Las representaciones internas son útiles si hay algo de repetición. Para eso usamos ladrillos con los que construimos. Esos ladrillos son elementos ya probados por selección natural y aprendizaje. Por ejemplo, el *identi-kit* usado para identificar personas. Usamos estos ladrillos para generar representaciones internas. Cuando nos encontramos en una situación nueva, combinamos bloques de información relevantes y que ya han sido comprobados, de manera de modelar la situación y sugerir acciones y consecuencias apropiadas.

10.3 AUTOMATAS CELULARES

Conceptos básicos

En un Autómata Celular (AC) el dominio en estudio se divide usando una grilla regular, como si fuese un tablero de juego. En cada celda de la grilla se trabaja con un vector de estado. A diferencia de los problemas definidos sobre un continuo, en los que las variables de estado están gobernadas por ecuaciones diferenciales, en los AC el vector de estado se evalúa usando reglas de producción, que involucran los vectores de estado de las celdas vecinas. El algoritmo avanza en el tiempo y se van modificando las características de las celdas.

Las principales características de un AC son:

- Tablero. Es una grilla de celdas (como si fuera un tablero de ajedrez). Por ejemplo, cada celda puede ser un lote de un barrio en el que se construye una casa.
- Agentes. Hay agentes que ocupan celdas y que pueden tener varios estados. Por ejemplo, un agente puede ser un elemento con propiedades de sólido o de líquido, puede ser una casa ocupada por una familia, de gente blanca o de gente negra, etc.
- en la que se realizan las actualizaciones de las posiciones de los agentes que intervienen en el sistema considerado
- Vecindad. Cada celda se supone relacionada con las celdas vecinas mediante reglas sencillas. La vecindad puede abarcar cuatro celdas (arriba y abajo, derecha e izquierda) (vecindad de Neuman) o también incluir las ocho celdas que tocan la celda considerada (vecindad de Moore).
- Estados de cada celda. Cada celda puede tener un número finito de estados.
- Determinismo. Las reglas que fijan el valor de cada celda en un momento determinado son deterministas. Se calculan con el valor que haya en la celda y en sus vecinas en el tiempo anterior.
- Homogeneidad. No importa qué parte del tablero se considere, los estados posibles y las reglas son las mismas.
- Localidad. No hay efectos diferidos en el tiempo ni interacciones globales.

La simulación mediante AC es un tipo poco común de computación. En lugar de tener muchos tipos de memoria, instrucciones y procesadores en una computadora convencional, sólo requiere almacenar la información de una grilla y la implementación de una regla local para actualizar la información, de manera que los requerimientos de hardware son modestos.

Ejemplo de localización espacial de vecinos por raza

La información de partida sobre localización de vecinos se muestra en la Figura 10.5.a: los círculos son casas de gente de raza blanca, las cruces son casas de gente de raza negra. En este juego se supone que las familias desean vivir cerca de gente de su mismo color, por lo menos en un cierto porcentaje. La vecindad adoptada en la modelación mediante autómatas celulares es la de vecindad de Moore (alrededor de una casa hay 8 posiciones posibles. Para que haya posibilidad de elegir, es necesario dejar inicialmente un 25% a 30% de celdas vacías; en caso contrario no puede haber reacomodamiento.

Si ponemos la regla que la mitad de los vecinos deben ser del mismo color, y comienza la relocalización de familias empezando de arriba abajo e izquierda a derecha, se llega al patrón de la Figura 10.5.b. El patrón depende de la regla adoptada. Si en lugar del 50% de vecinos del mismo color usamos una regla mas flexible (1/3 de vecinos del mismo color), llegamos al patrón de la Figura 10.5.c.

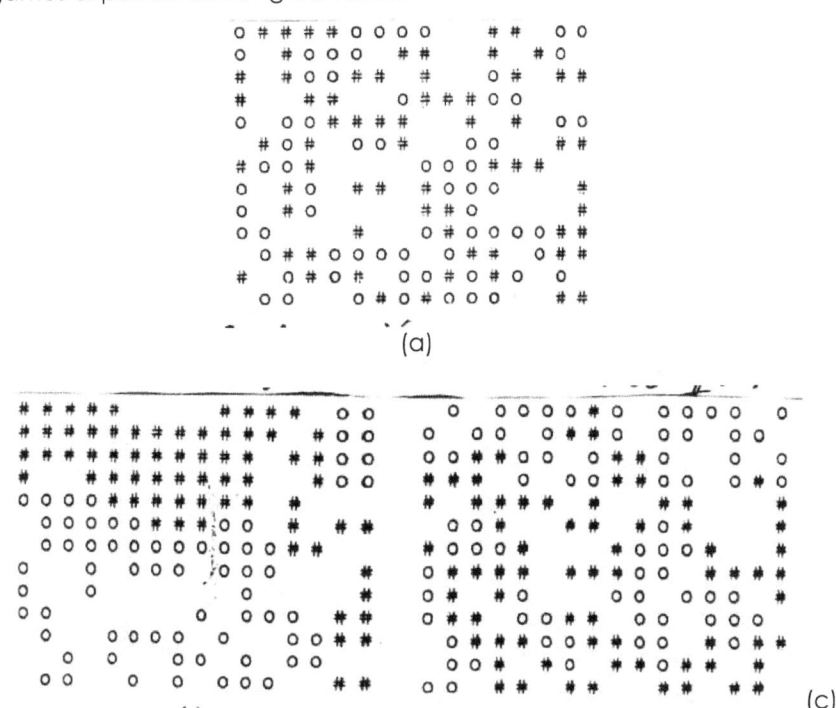

(a)

(c)

Figura 10.5. Localización espacial de vecinos por raza. (a) Información inicial; (b) configuración final para la regla de 1/2; (c) configuración final para la regla de 1/3.

Ejemplo de solidificación de la micro-estructura de aleaciones

Esta modelación de micro-mecánica usando autómatas celulares se usa para comprender e ilustrar la solidificación de una aleación eutéctica de grafito esferoidal (también conocido como fundición nodular) (Dardati et al. 2005).

A medida que se enfría un volumen de la micro-mecánica de la aleación se producen los efectos de nucleación y posteriormente de crecimiento de esos núcleos. Para ambos efectos se supone que existen reglas, que operan en función de la temperatura. Las seis figuras en la 10.6 muestran como se va formando la micro-estructura a medida que baja la temperatura. Inicialmente todo es líquido y solo aparecen núcleos sembrados de forma aleatoria. Posteriormente los núcleos aumentan su radio y se solidifica en esa zona. La parte sólida se extiende hasta cubrir todo el espacio estudiado.

Debido a que el modelo contiene asignaciones aleatorias, se comparan resultados de corridas (Figura 10.6) que parten de ubicaciones diferentes de núcleos iniciales. La conclusión es que el estado final a que se llega contiene aproximadamente el mismo número de núcleos y de tamaños similares y lo que varía es su posición dentro del elemento de volumen representativo.

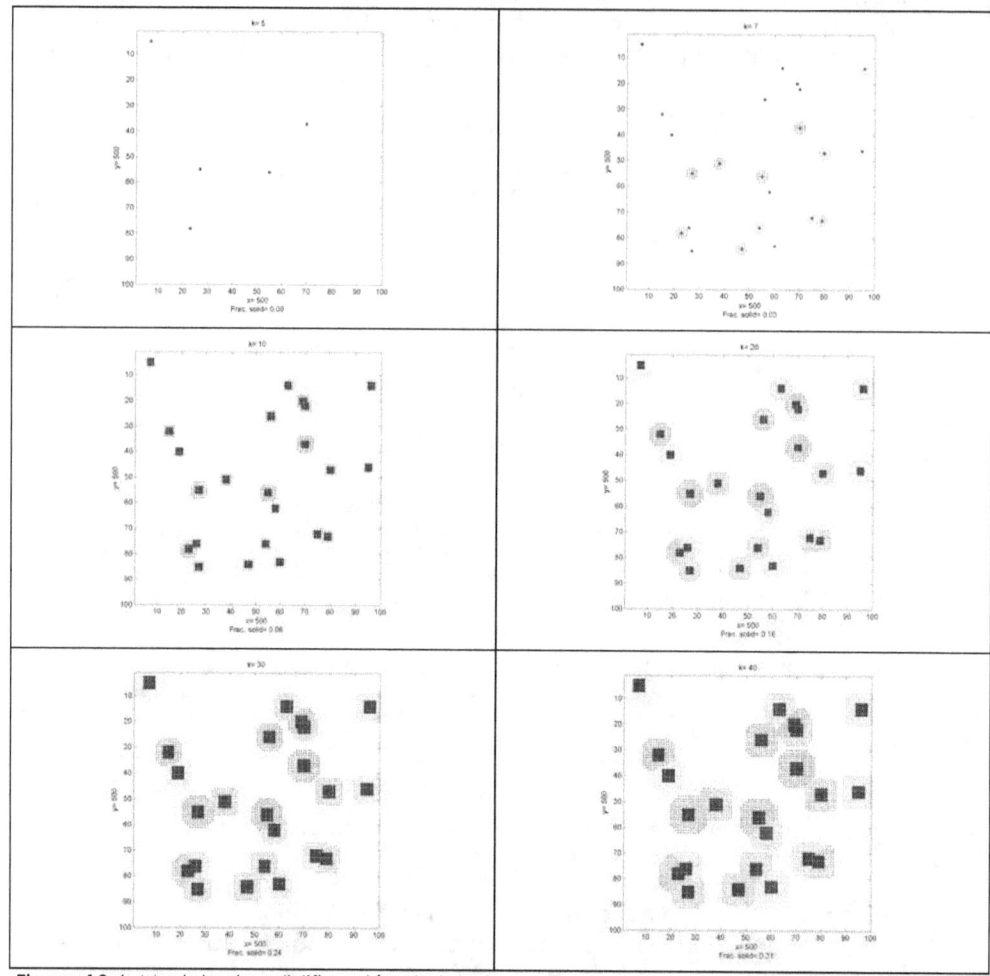

Figura 10.6. Modelo de solidificación de la microestructura de una aleación (Dardati et al. 2005).

10.4 ALGORITMOS GENETICOS

Son algoritmos de búsqueda basados en las ideas de la selección natural y en la genética. Se construyen a la imagen de la genética biológica, en los que se trata de seguir una secuencia codificada y se opera con ella para tener alternativas entre las cuales identificar la más conveniente o eficiente. Combinan la supervivencia de los adaptados con un factor aleatorio de intercambio de información. En cada generación se crean criaturas nuevas usando partes de las más adaptadas de las generaciones anteriores. Ocasionalmente se introduce nueva información aun no probada.

Conceptos básicos en algoritmos genéticos

Se supone que una población está formada por individuos. En el algoritmo, la población siempre se mantiene en un número constante. Un algoritmo genético es un procedimiento de búsqueda de posibles dotaciones (o genotipos) usando un criterio de alta adaptación (*fitness*). Para cada individuo se evalúa su parámetro de adaptación.

Computacionalmente, son algoritmos muy simples, pero son poderosos como una forma de mejorar algo. Se requiere que se codifiquen los parámetros naturales del problema que se va a optimizar en la forma de una tira de longitud finita escrita en un alfabeto finito. En general, las dotaciones que son candidatas a soluciones se codifican como tiras de 0 y 1. Cada repetición de etapas constituye una generación del algoritmo. Una corrida típica consiste entre 100 y 500 generaciones. Para comenzar una corrida es necesario dar valores iniciales a la población; inclusive pueden darse valores al azar.

Para simular el proceso de producir una generación nueva, el algoritmo usa tres etapas:

- Reproducción de acuerdo a adaptación. Se seleccionan dos individuos de la población actual para actuar como padres. Cuanto mas adaptado sea un individuo, es más probable que sea elegido como padre. Una dotación de adaptación alta puede ser padre varias veces en una misma generación.
- Recombinacion. Las dotaciones de los padres se aparean, se entrecruzan y mutan. Así producen un nuevo individuo.
- Reemplazo. Algunos individuos de la población son reemplazados por la dotación de los descendientes adaptados.

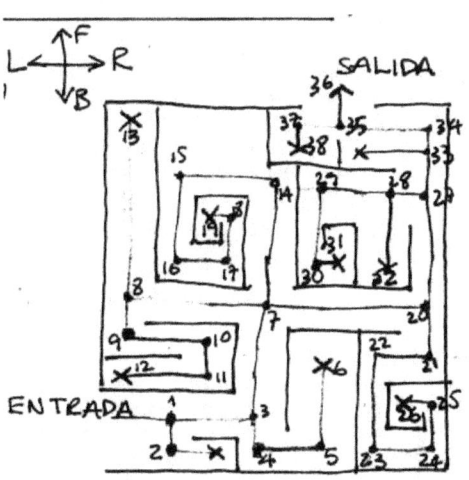

Figura 10.8. Salida de un laberinto, investigada mediante algoritmos genéticos.

Aplicación a la salida de un laberinto

Supongamos tener un robot y nuestra tarea es darle instrucciones para que salga de un laberinto (Figura 10.7). El objetivo es llegar a la salida con el mínimo número de movidas. El laberinto considerado tiene todos sus caminos según una cuadrícula, de manera que en cada punto se pueden dar pasos (en la dirección global) hacia los puntos cardinales N, S, E, O. Tales indicaciones son con respecto a un sistema global, no local. [3]

La población está compuesta por una secuencia determinada (40 dígitos, que son 0 o 1). Podemos limitar el número de movimientos a 20. En la tabla que sigue, el nudo identifica la posición en la que nos encontramos antes de dar el paso siguiente, mientras que la letra indica la dirección en la que nos movimos. Por ejemplo, una secuencia A sería:

Nudo	1	3	7	8	9	10	11	12	11	10	9	8	7	14	15	16	17	18	19	18
Movida	E	N	O	S	E	S	O	E	N	O	N	E	N	O	S	E	N	O	E	S

Esta secuencia terminó en el nudo 17. No hemos llegado a la salida, sino que estamos a una distancia de 10 movidas de la salida. La medida de adaptación es como una medida de error: después de 20 movidas, se calcula el número de movidas necesarias para llegar a la salida. La adaptación de esta secuencia es $n_A = 10$.

Consideremos una segunda secuencia, a la que denominaremos B.

Nudo	1	3	7	20	27	28	29	30	31	30	29	28	32	28	27	20	21	22	23	24
Movida	E	N	E	N	O	O	S	E	O	N	E	S	N	E	S	S	O	S	E	N

Esta segunda secuencia termina en el nudo 25, y su nivel de adaptación es $n_B = 10$.

Los "organismos" compiten para ver cual es la mejor forma de hacer atravesar el laberinto. Vamos a generar una alternativa (descendiente) C, combinando las diez primeras instrucciones de A y las 10 últimas de B:

Nudo																				
Movida	E	N	O	S	E	S	O	E	N	O	E	S	N	E	S	S	O	S	E	N

Adoptaremos la siguiente regla: como no en todos los puntos del laberinto están abiertas las cuatro opciones (B, F, R, L), si una movida no es válida, entonces la salteamos y nos quedamos esperando la siguiente instrucción válida. Completando la secuencia de nudos de la tabla, podemos comprobar que la adaptación de esta secuencia es 9, o sea que mejoramos.

También podemos generar una secuencia D con las 10 primeras instrucciones de B y las 10 segundas de A, por ejemplo:

Nudo																				
Movida	E	N	E	N	O	O	S	E	O	N	N	E	N	O	S	E	N	O	E	S

cuya adaptación es 7.

Podemos introducir mutaciones. Por ejemplo, en la secuencia C mutamos S por N. Con esta nueva secuencia (llamada E) en 20 movidas llegamos al nodo 10, con una adaptación $n_E = 9$.

---

[3] En lugar de usar los puntos cardinales, podemos dar las instrucciones de acuerdo a la posición en la que se encuentre el robot, como atrás (B), adelante (F), derecha (R) o izquierda (L). Si usamos la regla de Jorge L. Borges (en cada intersección hay que tomar a la izquierda) se precisan 54 movidas para salir de este laberinto.

La secuencia óptima está dada por 8 movidas:

Nudo																			
Movida	E	N	E	N	N	N	O	N											

REFERENCIAS

Dardati, Patricia M., Godoy, Luis A. Cervetto, Germán y Paguagua, Pedro. (2005), Simulación de la Micromecánica en la Solidificación de una Fundición de Grafito Esferoidal, *Revista Int. Métodos Numéricos para Cálculo y Diseño en Ingeniería*, vol. 21(4), pp. 327-344.

Dawkins, Richard (1977), *The Selfish Gene*, Paladin, Londres.

Lewin, Roger (1992), *Life at the Edge of Complexity*, Macmillan, New York.

Miller, Peter (2007), Teoría de los Enjambres, *National Geographical*, pp. 40-61, Julio.

Nicolis, Gregoire y Prigogine, Ilya (1989), *Exploring Complexity*, Freeman, New York.

Waldrop, M. Mitchell (1992). *Complexity: The emerging science at the edge of order and chaos*, Simon and Schuster, New York.

CAPITULO 11

REFLEXIONES EPISTEMOLÓGICAS SOBRE MODELOS

En el capitulo final veremos reflexiones sobre modelos provenientes de la filosofía de la ciencia, en particular a través de la mirada de diferentes corrientes filosóficas.

11.1 SOBRE LA NECESIDAD O PRESCINDIBILIDAD DE MODELOS DE ACUERDO A CADA TRADICIÓN DE INVESTIGACIÓN

Actividad	1	Preguntas motivadoras
¿Cómo entran los modelos en la filosofía de la ciencia? ¿Cómo se los caracteriza? Los modelos, ¿siempre fueron considerados de la misma forma? ¿Ha evolucionado su conceptualización?		

Primeras Reflexiones sobre Modelos a Inicios del Siglo XX

El tema entra en consideración seria por los debates entre científicos de Francia e Inglaterra.

- En la tradición inglesa prevaleció un espíritu pragmático, en el que se ponía énfasis en comprender los fenómenos, más que en los formalismos de su representación matemática. Hay una apropiación de la naturaleza a través del conocimiento que sirve para operar con el objeto natural. Las representaciones en Inglaterra eran con respecto a otros sistemas para los cuales se conocía su comportamiento. Se usaron modelos mecánicos para explicar fenómenos físicos. Los usaron Maxwell, Kelvin.

- En la tradición francesa prevalecía el espíritu analítico, con énfasis en la elegancia de la formulación matemática. La función de la ciencia era vista como de formalizar los fenómenos, descubrir que ecuaciones podían representarlos. No hay una apropiación del objeto sino de las matemáticas que se perciben por detrás de él. Se enfatizaba la teoría y su estructura lógica.

Se generaron fuertes debates sobre la necesidad del uso de modelos en la ciencia. En Inglaterra se consideraban importantes y necesarios; en Francia eran vistos como redundantes.

- Según el científico francés de principios del Siglo XX, Pierre Duhem, los modelos solo sirven para confundir. No hay un único modelo que sirva para representar un fenómeno, por lo que los modelos conducían a diferentes representaciones de un mismo fenómeno. Para el, los modelos mecanísticos son superficiales y tienden a distraer la mente de construir un orden lógico. La teoría deseable en la física (y en la ciencia) sería un sistema matemático con una estructura deductiva como la de Euclides. Duhem desprecia el enfoque de los ingleses: El inglés no puede comprender sin la ayuda de un modelo, que provea una imagen palpable y visible de las leyes abstractas.

- Para N. R. Campbell, inglés, los modelos son ayudas en la construcción de teorías, y pueden descartarse cuando se ha desarrollado la teoría. Lo más importante es que una teoría permita explicar un fenómeno, y para ello es necesario contar con una interpretación comprensible en términos de un modelo. Dice que entender un fenómeno es lo mismo que desarrollar un modelo que imite el fenómeno, imaginando un mecanismo. Sin modelos no podemos hacer predicciones, y esas predicciones son cruciales para entender y modificar las teorías; las teorías son dinámicas y se modifican para extenderse a nuevos fenómenos.

El Empirismo Lógico y la Visión Sintáctica

El círculo de Viena y sus derivados ponían énfasis en la estructura lógica de la ciencia y se intentaba axiomatizar las teorías en la forma de series de enunciados. En el lenguaje de la teoría se distinguía entre términos teóricos y términos observacionales. Los teóricos para los que no se podía establecer una correspondencia con observaciones, carecían de significado. Usaban reglas de correspondencia para interpretar la teoría. Esto generó una visión sintáctica de la ciencia.

Los modelos carecían de interés, porque no encajaban en el esquema de proposiciones y tablas de verdad. Así, Rudolf Carnap atribuía un papel menor a los modelos, simplemente estético, didáctico o heurístico.

11.2 MODELOS Y ANALOGÍAS

Hasta la primera mitad del Siglo XX, el interés estaba centrado en las teorías y no en los modelos. Recién en la década de los 60 surge un interés especial por modelos. Apostel dice que no podemos dar una única definición estructural de los modelos en las ciencias empíricas, porque hay una multiplicidad de funciones que pueden desempeñar.

Mary Hesse (1966) veía las teorías científicas como sistemas hipotético-deductivos. Según esta autora, los modelos no intentan copiar la teoría o la realidad, porque siempre hay elementos que se cambian o que se dejan de lado. En esta visión de Hesse, una hipótesis es un producto de la imaginación creativa, que encuentra un patrón para los datos. Los modelos y analogías sirven para llenar el salto entre lo que nos es familiar y lo que no. Hesse introduce con fuerza el rol de las analogías en la construcción de modelos.

11.3 LA PERSPECTIVA DE KUHN

Thomas Kuhn dice que un alumno no ha aprendido nada hasta que su maestro le da algunos ejemplos. Los conceptos y leyes no significan nada hasta que se los aplica (en este sentido estaría de acuerdo con la tradición británica y no con la francesa, según Campbell). Pero la aplicación no es dar un ejemplo, sino algo mas complicado que Kuhn llama "ejemplar", que es un caso prototipito que demuestra la función y el uso de los conceptos y leyes en juego.

La idea central de Kuhn es la "ejemplares", que son "modelos de problemas" en ciencias. Esto fue una idea novedosa. Su tratamiento de modelos en ciencias no fue nada específico y se confunde con teorías. Un científico tiene que ver un problema como uno que ya reconoce. Resuelve acertijos, modelando como ya se hizo en otras soluciones. Este proceso de "ver como" pasa a los libros de texto. Un libro de texto enseñaría a "ver como").

De manera que para que dos modelos sean reconocidos como semejantes debe haber formas de reconocerlo. Sin embargo, según Raisis, no parece haber reglas firmes que permitan reconocer cuando dos situaciones son similares. Entonces, ¿que los coloca en la misma categoría o grupo? Solamente puede haber parecidos de familia, que no constituyen criterio suficiente. En esos casos hay que encontrar criterios fuera del modelo, como la comunidad científica.

11.4 LA PERSPECTIVA SEMÁNTICA

Dentro de las reacciones al empirismo lógico surgió una corriente a la que no le importa el lenguaje en que se exprese una teoría, sino los modelos que se desprenden de ella. Se define una clase de modelos para una teoría. Los filósofos detrás de esto son Patrick Suppe, van Fraasen, Ronald Giere.

Contribuciones de Patrick Suppes

En los años 60, Patrick Suppes postula que el significado y el uso de modelos en matemáticas y ciencias empíricas es el mismo. En 1962 enfatiza la naturaleza de los datos como modelos en las ciencias empíricas, y establece una jerarquía de modelos, donde:
- Los de mayor jerarquía son los modelos teóricos, abstractos.
- Luego siguen los modelos experimentales, para chequear modelos teóricos.
- Finalmente están los datos (considerados como modelos) que tienen la menor jerarquía

Modelos matemáticos
- Hay modelos matemáticos "puros", como la ecuación de una recta ($y = a x + b$), que no precisa especificación de sus variables para ser usada, mientras que otros son modelos matemáticos aplicados, en los cuales las variables tienen significado preciso.
- Las leyes generales de la física (como por ejemplo las leyes de Newton) no son descripciones de sistemas reales sino que son parte de la caracterización de modelos, que a su vez pueden representar distintos tipos de sistemas reales. Lo que es comparable con la realidad son los modelos, no las leyes o teorías. Para comparar con la realidad hay que usar además condiciones de contorno en el espacio, condiciones iniciales en el tiempo, aproximaciones, etc. Aparece la necesidad de definir que es un error. Cuando hablamos de modelos, hay diferentes niveles que componen el análisis y de los cuales puede provenir un error.
- Por ejemplo, las ecuaciones constitutivas de un material sólido no son más que posibles formas de representar materiales del mundo real, y forman un conjunto de posibilidades de las cuales el usuario elegirá de acuerdo a sus conveniencias y necesidades. Por ejemplo, puede primar la simplicidad de un modelo sobre otro, o su exactitud. Tampoco hay un único sistema real, sino que hay una gran variedad,

y algunos modelos serán más adecuados que otros para algunas condiciones del mundo.

- Las técnicas estadísticas permiten pasar de datos a modelos de datos, que son los que se usan para validar un modelo. De acuerdo a Suppe, se esta comparando un modelo de jerarquía superior (experimental) con uno de jerarquía inferior (datos).

Contribuciones de Ronald Giere

Para Giere, los modelos son centrales en la construcción de entendimiento del mundo natural, de manera que razonar acerca del mundo es razonar con modelos. Los modelos son representaciones porque son herramientas para representar el mundo, no para interpretar sistemas formales.

Siguiendo a Giere, veamos modelos de lo más concreto a lo más abstracto. Los mapas son objetos físicos, no lingüísticos, que representan un territorio. Son similares a lo que representan en sentido espacial. Son representaciones parciales, porque solo consideran algunos aspectos específicos del territorio y tienen una exactitud limitada. Un mapa de un subterráneo es más abstracto, porque solo contiene la topología de una red y no le interesa la exactitud de las medidas. Un circuito eléctrico es un diagrama: aquí interesa saber que cosas están conectadas entre si, no las ubicaciones espaciales. Las conexiones son más abstractas que las relaciones. Los modelos en escala pueden ir desde maquetas de iglesias a maquetas del sistema solar, a maquetas de la estructura de doble hélice del ADN. Las ecuaciones son modelos más abstractos. En todos los casos, los modelos representan los intereses de quien hace el mapa y de quien lo usa.

Giere supone que los datos se generan a partir de la realidad mediante observaciones o experimentación. Las predicciones se generan a partir del modelo mediante razonamiento o cálculo. Las predicciones pueden estar en acuerdo o no con los datos. Se dice que un modelo encaja o no con la realidad si las predicciones encajan o no con los datos. (Figura 11.1)

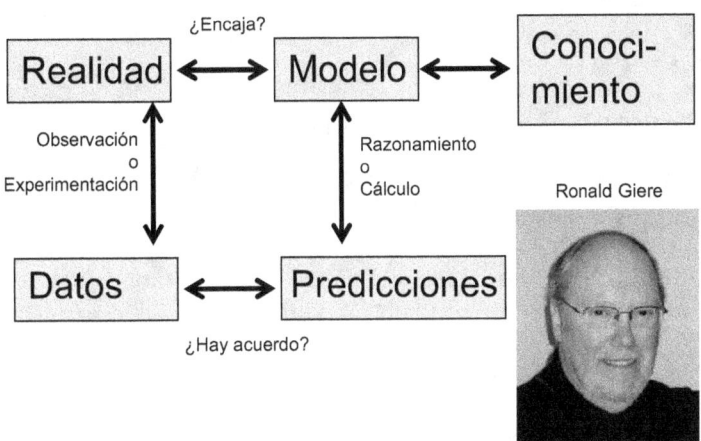

Figura 11.1

112

Los modelos tratan de aislar aspectos de la realidad para ayudar a generar conocimientos nuevos. Proveen una forma de generar conocimientos a partir de manejar una representación de la realidad. Pero el modelo no es ni la realidad ni el conocimiento mismo.

Giere dice que un modelo representa un sistema del mundo real si ambos son similares en determinados aspectos y en grados especificados de aproximación. La justificación de un modelo dependería de la aproximación permitida, que es una decisión de la comunidad.

Si no hay acuerdo entre predicciones y datos, puede ser por varios motivos:

- Los datos estaban equivocados.
- El modelo estaba equivocado. ¿Cómo sabemos que las desviaciones en los resultados no son debido a que el modelo no era adecuado? Puede que se hayan dejado de lado aspectos importantes. Quizás se hicieron suposiciones o idealizaciones equivocadas. Puede que el tipo de modelo no sea el adecuado, como intentar usar un modelo lineal para un fenómeno que resulta no lineal en esas variables.
- Los cálculos estaban equivocados.

Pero si hay acuerdo, también hay varias posibilidades:

- La predicción tenía muchas probabilidades de coincidir con los datos, aunque el modelo fuera incorrecto.
- El modelo era adecuado para el rango de predicciones en el que se lo ha comparado.

En conclusión:

- Nunca podemos afirmar de manera contundente que un modelo sea correcto.
- Nadie espera que un modelo dure para siempre.
- Los modelos se generan para ser mejorados, y eventualmente desechados en algún momento relativamente cercano.

Para Giere, las analogías se usan porque el científico ya tiene un repertorio de fenómenos que conoce (y sus modelos correspondientes), entonces cuando enfrenta un modelo nuevo busca a ver si es análogo a algo que ya conoce, y este procedimiento puede ser ventajoso para lograr nuevos descubrimientos. Pero hay pocas razones para pensar que los aspectos sugeridos por una analogía van a encontrarse en el fenómeno nuevo. El uso de analogías requiere de buscar confirmaciones independientes.

11.5 MODELOS COMO ENTIDADES AUTÓNOMAS

Tradicionalmente se han visto los modelos como subordinados a una teoría, o ligados a ella. Pero hay otra visión, sostenida por Margaret Morrison y Mary Morgan (1999), según la cual los modelos deben verse como agentes independientes, que operan en la región entre la teoría y los datos. Son mediadores autónomos en las ciencias. El énfasis se coloca en los procesos de construcción de modelos y en su manipulación. Ambas, construcción y manipulación, son cruciales para obtener información acerca del mundo y acerca de las teorías.

Los modelos en ciencias tienen aspectos que permiten tratarlos como tecnologías. Nos dan herramientas para investigar, para aprender sobre el mundo o sobre las teorías. Los modelos son parcialmente independientes del mundo y de las teorías, y pueden ser usados como instrumentos para explorar a ambos.

No se aprende mucho de mirar a un modelo, se aprende de construirlo y de operar con el. El poder de un modelo solo se pone en evidencia en el contexto de su uso. Surgen cuatro áreas de indagación: (a) ¿Cómo se construyen los modelos? (b) ¿Cómo funcionan? (c) ¿Qué representan? (d) ¿Cómo aprendemos de ellos?

Construcción de modelos. No hay reglas ni metodologías generales para construir modelos. Más bien se parece a un arte, en la que el investigador usa su experiencia previa para encarar nuevos modelos. Importante que la teoría no determina un modelo, ni tampoco los datos. Los modelos se construyen mediante un proceso de elegir e integrar un conjunto de elementos que se consideran relevantes para llevar a cabo la tarea determinada. Esto puede incluir trozos de teoría, evidencia empírica, relaciones entre variables, formalismo (como matemático), y metáforas (que guían el armado del modelo). Para esto hace falta la traducción de elementos dispares en algo que sea de la misma forma, y los elementos encajen juntos.

Funciones. Un modelo puede construirse para cumplir distintas funciones. Por ejemplo,

- Como instrumento para construir una teoría.
- Para explorar o experimentar dentro de una teoría que ya está formulada.
- Para explorar procesos para los cuales las teorías existentes no dan buenos resultados.
- Para aplicar teorías que de otro modo no serian aplicables.
- Para intervenir en el mundo, como instrumentos para el diseño y la producción de tecnologías.

Representación. Por una parte, dijimos que en esta visión se espera que los modelos mantengan una independencia (por lo menos parcial) tanto de la teoría como del mundo. Por otra parte, es necesario que por lo menos tengan relación con uno de esos dominios, porque sino no tendrían como representarlos.

Aprendizaje. Esto nos interesa en el contexto de enseñanza de las ciencias. Ya dijimos que los modelos dan oportunidades de aprendizaje en dos momentos: Primero, durante la construcción uno aprende tanto del mundo como de la teoría; en esta fase se interpreta, se conceptualiza y se integran los elementos que constituyen el modelo. Segundo, durante el uso del modelo, cuando se lo manipula. Hay mas gente que aprende de este modo, porque se usa algo ya desarrollado y la inversión de tiempo es mucho menor. Manipular permite explorar condiciones del pasado o del futuro, y quizás hasta cambiar el mundo.

11.6 MODELOS Y COGNICION

Tradicionalmente, el razonamiento estaba basado en la argumentación. En la concepción heredada, el énfasis estaba en la reconstrucción racional del razonamiento científico y en la justificación. Se afirmaba que la unidad básica de razonamiento que usan los científicos eran los sistemas axiomáticos (como creían los positivistas lógicos) o las redes de proposiciones.

Una visión nueva en la filosofía de la ciencia, es enfatizar razonamientos basados en modelos. Primero vendrían los modelos, después las abstracciones que permitirían generar leyes y teorías. El científico lleva a cabo razonamientos usando modelos y comprende a través de una estructura conceptual.

Para Nancy Nersessian, interesa la parte cognitiva de los modelos.

- En la vida cotidiana las personas usan modelos mentales que les permiten "navegar" por situaciones y resolver problemas.
- En los temas que interesan a la ciencia, ya no basta usar modelos mentales y se deben usar suposiciones para expresar modelos. Sin embargo, no se tiene certeza que con esos modelos se puedan resolver los problemas que se han planteado. Aparecen medidas de éxito, como que se logren reproducir datos de un fenómeno, o que se lo logre representar.

La analogía juega un rol crucial en la construcción del modelo, más que en la argumentación. Modelar significa usar alguna forma de analogía:

- La abstracción genérica requiere reconocer similitudes potenciales a través de dominios dispares. El modelo presenta aspectos comunes a una clase de fenómenos.
- Los experimentos mentales sirven para guiar al lector en la construcción de un modelo mental e inferir mediante simular los eventos y procesos que se describen en el experimento.
- Representaciones visuales externas, como diagramas, esquemas, figuras.

11.7 SOCIOLOGIA DE MODELOS Y ANALOGIAS

Kevin Dunbar ha llevado a cabo estudios de campo para ver de qué manera usan analogías los científicos en un laboratorio. Esto es relevante en el modo de producción colectivo de la "gran ciencia" en laboratorios de finales del Siglo XX, que también han estudiado los sociólogos de la ciencia (Karin Knorr-Cetina, Bruno Latour).

Dunbar identificó que se usan analogías para (a) formular una hipótesis, (b) diseñar un experimento, (c) corregir un experimento, (d) explicar un resultado. Las analogías que son muy distantes del campo de estudio se usan poco, casi exclusivamente para explicar.

Según Dunbar, los científicos estructuran su investigación para tomar ventaja de hallazgos inesperados, y llevan a cabo experimentos que conduzcan a hallazgos inesperados que puedan aprovechar. Cuando aparecen series de resultados inesperados, construyen modelos para tratarlos. Esto difiere en mucho del tipo de experimentos que usualmente se emplean en enseñanza, en los cuales se confirman resultados teóricos que ya se tenían, ilustrando leyes.

REFERENCIAS

Hesse, Mary B. (1966), *Models and Analogies in Science*, University of Notre Dame Press, Indiana.

Magnani, Lorenzo, Nersessian, Nancy J. y Thagard, Paul (1999), *Model-Based Reasoning in Scientific Discovery*, Kluwer Academic, New York.

Morgan, Mary S. y Morrison, Margaret (1999), *Models as Mediators*, Cambridge University Press, Cambridge, Inglaterra.

Como formas de apoyo en la enseñanza de las ciencias, se han usado modelos desde el Siglo XVIII. Hasta mediados del Siglo XIX se emplearon casi exclusivamente modelos concretos tridimensionales. Algunos eran únicos, otros producidos en masa, difiriendo en color, textura y tamaño. Algunos imitaban el mundo natural o artificial, otros proyectaban cómo podía llegar a ser el mundo. De formas variadas, intentaban traer lo pequeño, lo enorme, el pasado o el futuro a nuestro alcance, para hacer analogías, demostrar teorías o ser contemplados en una muestra. Desde finales del Siglo XX se han empleado modelos virtuales en computadoras, con el fin de facilitar explicaciones o experimentar en clase.

Estas notas tratan de rescatar las diferentes perspectivas desde las cuales podemos considerar los modelos usados en la enseñanza de las ciencias y tecnologías. Se consideran los diversos tipos y funciones de modelos, enfatizando la visión de modelos como mediadores entre entidades más concretas y más abstractas que el modelo mismo. En especial, se presentan modelos que emplean la dinámica de sistemas como forma de representación y se discuten las tendencias actuales de modelación.

www.ingramcontent.com/pod-product-compliance
Lightning Source LLC
Chambersburg PA
CBHW070601220526
45467CB00003B/1263